15168

N° D'ORDRE

THÈSES

PRÉSENTÉES

A LA FACULTÉ DES SCIENCES DE PARIS

POUR OBTENIR

LE GRADE DE DOCTEUR ÈS SCIENCES,

PAR M. HOUEL,
Professeur de Mathématiques au Lycée, à Alençon.

THÈSE DE MÉCANIQUE. — SUR L'INTÉGRATION DES ÉQUATIONS DIFFÉRENTIELLES DANS LES PROBLÈMES DE MÉCANIQUE.

THÈSE D'ASTRONOMIE. — APPLICATION DE LA MÉTHODE DE M. HAMILTON AU CALCUL DES PERTURBATIONS DE JUPITER.

Soutenues le   août 1855 devant la Commission d'examen.

MM. CAUCHY, *Président.*

DUHAMEL, } *Examinateurs.*
DELAUNAY, }

PARIS,

MALLET-BACHELIER, IMPRIMEUR-LIBRAIRE
DE L'ÉCOLE IMPÉRIALE POLYTECHNIQUE, DU BUREAU DES LONGITUDES,
Rue du Jardinet, 12.

1855.

ACADÉMIE DE PARIS.

FACULTÉ DES SCIENCES DE PARIS.

DOYEN	MILNE EDWARDS, Professeur	Zoologie, Anatomie, Physiologie.
PROFESSEURS HONORAIRES	Le baron THENARD.	
	BIOT.	
	PONCELET.	
PROFESSEURS	CONSTANT PREVOST	Géologie.
	DUMAS	Chimie.
	DESPRETZ	Physique.
	STURM	Mécanique.
	DELAFOSSE	Minéralogie.
	BALARD	Chimie.
	LEFÉBURE DE FOURCY	Calcul différentiel et intégral.
	CHASLES	Géométrie supérieure.
	LE VERRIER	Astronomie physique.
	DUHAMEL	Algèbre supérieure.
	CAUCHY	Astronomie mathématique et Mécanique céleste.
	GEOFFROY-SAINT-HILAIRE	Anatomie, Physiologie comparée, Zoologie.
	LAMÉ	Calcul des probabilités, Physique mathématique.
	DELAUNAY	Mécanique physique.
	PAYER	Botanique.
	C. BERNARD	Physiologie générale.
	P. DESAINS	Physique.
AGRÉGÉS	BERTRAND	Sciences mathématiques
	J. VIEILLE	Sciences mathématiques
	MASSON	Sciences physiques.
	PELIGOT	Sciences physiques.
	DUCHARTRE	Sciences naturelles.
SECRÉTAIRE	E. PREZ-REYNIER.	

THÈSE DE MÉCANIQUE.

SUR L'INTÉGRATION DES ÉQUATIONS DIFFÉRENTIELLES DANS LES PROBLÈMES DE MÉCANIQUE.

L'objet de ce travail est le développement de la théorie exposée par M. Hamilton dans deux Mémoires intitulés : *On a general method in Dynamics*, et publiés dans les *Transactions philosophiques*, 1834 et 1835 : théorie à laquelle Jacobi a donné une grande extension dans le Mémoire remarquable qui a paru successivement dans le Journal de M. Crelle et dans celui de M. Liouville (tome III, 1838).

M. Hamilton a démontré l'existence de certaines fonctions des coordonnées initiales et finales, auxquelles il a donné le nom de *fonction caractérisque* et de *fonction principale*, telles qu'au moyen de leurs dérivées partielles on peut donner aux équations intégrales premières et finales du mouvement une forme analogue à celle que Lagrange avait déjà donnée aux équations différentielles du second ordre. La détermination de ces fonctions dépendait, suivant M. Hamilton, de la recherche d'une solution commune à deux équations aux dérivées partielles du premier ordre et du second degré.

Le perfectionnement apporté par Jacobi à cette théorie consiste principalement dans la suppression de l'une de ces deux équations aux dérivées partielles, et dans la possibilité qui en résulte de remplacer, dans les équations intégrales, les coordonnées et les vitesses initiales par d'autres constantes d'un usage plus commode.

L'idée fondamentale que je me suis attaché à faire ressortir est le partage, au moyen du théorème de Jacobi, des constantes arbitraires amenées par l'intégration des équations différentielles du mouvement en deux séries qui jouissent de propriétés très-remarquables dans les questions de perturbations. Lagrange avait démontré (*Mécanique analytique*, tome I, page 336) qu'en prenant pour constantes arbitraires les valeurs initiales des coordonnées et des dérivées de la demi-force vive par rapport aux différentielles de ces coordonnées, la variation différentielle d'une constante quelconque de l'une de ces deux séries est égale à plus ou moins la dérivée de la fonction perturbatrice prise par rapport à la constante correspondante ou *conjuguée* de l'autre série. Ce théorème est susceptible de la même extension que Jacobi a donnée au théorème de M. Hamilton.

M. Hamilton a proposé l'emploi, dans le problème des perturbations planétaires, d'une nouvelle fonction perturbatrice, dont les propriétés sont plus simples, à certains égards, que celles de la fonction dont tous les géomètres se sont servis depuis Lagrange. J'ai développé quelques applications de cette fonction de M. Hamilton.

J'ai divisé mon travail en quatre sections.

Dans la première, j'expose le théorème de M. Hamilton, en suivant la marche de l'inventeur, et j'y ajoute, sous forme de réciproque, l'extension donnée par Jacobi. J'examine ensuite les modifications que subit ce théorème lorsque, des coordonnées rectangles, on passe à des coordonnées quelconques; puis, lorsqu'on introduit des liaisons dans le système; et enfin, lorsqu'au lieu du mouvement absolu, on considère le mouvement relatif. Je termine par l'exposé d'un théorème de Jacobi qui ramène, dans certains cas, à des principes généraux la détermination de la fonction principale, et permet de l'employer à la recherche d'une partie des équations intégrales du mouvement.

Dans la seconde section, j'applique la théorie précédente à la détermination de la fonction principale dans deux problèmes relatifs au système du monde, et qui présentent entre eux une grande analogie : celui du mouvement relatif de deux corps qui s'attirent, et celui du mouvement de rotation d'un corps solide autour d'un point fixe, dans le cas où les forces extérieures sont nulles.

Dans la troisième section, j'expose, avec l'extension de Jacobi à des constantes quelconques, les formules de variation des constantes arbitraires que M. Hamilton a déduites de son théorème, en les restreignant aux valeurs initiales des variables. Je fais voir que l'on peut considérer comme rigoureuses ces formules que M. Hamilton avait établies en négligeant le carré de la force perturbatrice, et je donne de ces mêmes formules une autre démonstration plus simple et plus directe.

La quatrième section est consacrée à l'étude des différentes formes que l'on peut donner à la fonction perturbatrice, dans le calcul des mouvements planétaires. J'y étudie en particulier la fonction perturbatrice de

M. Hamilton, au moyen de laquelle on peut démontrer très-simplement plusieurs théorèmes généraux de mécanique céleste, entre autres le théorème de l'invariabilité des grands axes, en ayant même égard à tous les termes de l'ordre du cube de la fonction perturbatrice.

PREMIÈRE SECTION.

THÉORIE GÉNÉRALE DE LA FONCTION PRINCIPALE DU MOUVEMENT D'UN SYSTÈME.

§ I.

Soient $m_1, m_2, \ldots, m_n$ des points libres, soumis à leurs attractions mutuelles. Si l'on désigne par $-f(r)$ la fonction de la distance r, dont la dérivée exprime l'attraction de l'unité de masse sur l'unité de masse, en faisant, pour abréger,

$$U = \Sigma m_i m_k f(r)$$

(le signe Σ s'étendant à toutes les combinaisons deux à deux des indices différents i, k), les équations du mouvement du système seront représentées par la formule

$$(1) \qquad \Sigma m(x''\delta x + y''\delta y + z''\delta z) = \delta U,$$

qui équivaut à $3n$ équations séparées, de la forme

$$(2) \qquad mx'' = D_x U, \quad my'' = D_y U, \quad mz'' = D_z U.$$

Le mouvement réel étant un des mouvements virtuels possibles à l'époque t, on pourra remplacer dans la formule (1) les δ par les d; et, en posant

$$T = \frac{1}{2} \Sigma m(x'^2 + y'^2 + z'^2),$$

cette formule deviendra

$$dT = dU,$$

d'où, en intégrant,

$$(3) \qquad T = U + H,$$

H désignant une constante arbitraire. Cette intégrale première des équations du mouvement exprime le principe sous le nom de *principe de la conservation des forces vives*.

L'intégration des équations (2) se réduit à trouver $3n$ relations entre les coordonnées x, y, z des points m à l'époque t, le temps t, et $6n$ constantes arbitraires, que l'on peut supposer être les valeurs initiales a, b, c des coordonnées, et les valeurs initiales a', b', c' des vitesses estimées parallèlement aux trois axes coordonnés. La constante H sera une fonction de ces valeurs initiales, déterminée par la relation

$$(4) \qquad T_0 = U_0 + H,$$

T_0, U_0 étant ce que deviennent T, U, lorsqu'on y remplace x, y, z, x', etc., par a, b, c, a', etc.

Les coordonnées x, y, z, et leurs dérivées x', y', z', étant exprimées en fonction de

$$(5) \qquad t,\ a,\ b,\ c,\ a',\ b',\ c',$$

si l'on substitue leurs valeurs dans l'équation (3), où H est mis pour sa valeur tirée de l'équation (4), cette équation sera identiquement vérifiée, indépendamment des valeurs attribuées aux constantes arbitraires et au temps. On peut donc y augmenter ces constantes de quantités infiniment petites δa, δb, δc, $\delta a'$, $\delta b'$, $\delta c'$. Il en résultera, pour x, y, z, x',..., H, des variations

$$\delta x,\ \delta y,\ \delta z,\ \delta x',\ldots,\ \delta H,$$

dépendant aussi des quantités (5), et, si l'on substitue leurs expressions dans la relation

$$\delta T = \delta U + \delta H,$$

cette relation, ou celle-ci, qui lui est équivalente,

$$\Sigma m(x'\delta x' + y'\delta y' + z'\delta z') = \Sigma m(x''\delta x + y''\delta y + z''\delta z) + \delta H,$$

deviendront identiques.

Ajoutant aux deux membres de cette équation le premier membre, et multipliant par dt, il vient

$$\Sigma m dt . \delta(x'^2 + y'^2 + z'^2) = d.\Sigma m(x'\delta x + y'\delta y + z'\delta z) + \delta H dt,$$

d'où, en posant

$$(6) \qquad V = \int_0^t 2T dt,$$

et intégrant par rapport à t, il vient

$$(7)\quad \delta V = \Sigma m(x'\delta x + y'\delta y + z'\delta z) - \Sigma m(a'\delta a + b'\delta b + c'\delta c) + t\delta H,$$

ce qui est encore une identité.

Comme cette identité a lieu, quel que soit t, elle subsistera encore en augmentant t de la variation arbitraire δt, de sorte que nous pourrons considérer, dans la formule (7), la caractéristique δ comme définie par l'équation symbolique

$$\delta = \delta t D_t + \Sigma(\delta a D_a + \delta b D_b + \delta c D_c + \delta a' D_{a'} + \ldots).$$

A cause des $3n+1$ équations qui déterminent les quantités

$$x, \quad y, \quad z, \quad H$$

en fonction des quantités (5), les $3n+1$ variations

$$(8)\qquad \delta x, \quad \delta y, \quad \delta z, \quad \delta H,$$

sont exprimées en fonction des $6n+1$ variations indépendantes

$$\delta a, \quad \delta b, \quad \delta c; \quad \delta a', \quad \delta b', \quad \delta c'; \quad \delta t,$$

au moyen de $3n+1$ relations. Réciproquement, on peut, au moyen de ces $3n+1$ relations, déterminer δt, $\delta a'$, $\delta b'$, $\delta c'$, de façon à faire prendre aux variations (8) des valeurs arbitraires; c'est-à-dire que l'on pourra éliminer entre ces relations et la formule (7) les variations

$$\delta t, \quad \delta a', \quad \delta b', \quad \delta c',$$

qui entraient implicitement dans la formule (7), et traiter les autres variations comme indépendantes.

Si maintenant, au moyen des $3n$ intégrales finales et de l'équation (4), on élimine de l'expression (6) les quantités

$$t, \quad a', \quad b', \quad c',$$

en les remplaçant par leurs valeurs en

$$(9)\qquad H, \quad x, \quad y, \quad z, \quad a, \quad b, \quad c,$$

V se trouvant exprimée en fonction de ces dernières quantités seulement, les coefficients des variations $\delta x, \ldots$, $\delta a, \ldots$, δH dans l'expression de δV seront les dérivées partielles de V par rapport aux variables (9), et l'équation identique (7), équivaudra aux $6n + 1$ équations de la forme suivante :

$$(10) \qquad D_x V = mx', \quad D_y V = my', \quad D_z V = mz',$$

$$(11) \qquad D_a V = -ma', \quad D_b V = -mb', \quad D_c V = -mc',$$

$$(12) \qquad D_H V = t.$$

Les équations (11), (12), par l'élimination de H, établissent $3n$ relations entre les coordonnées, le temps et les $6n$ constantes arbitraires

$$a, \quad b, \quad c; \quad a', \quad b', \quad c'.$$

Ce sont donc les intégrales finales du système proposé. De même, les équations (10), (12), par l'élimination de H, établissent $3n$ relations entre les coordonnées, leurs dérivées premières, le temps et les $3n$ constantes arbitraires a, b, c. Ce sont donc les intégrales premières du système proposé.

Ainsi la fonction V jouit de cette propriété, que ses dérivées partielles par rapport aux valeurs initiales ou finales des coordonnées, jointes à l'équation (12), font connaître les intégrales finales ou les intégrales premières des équations différentielles du mouvement du système. Cette fonction exprime la *force vive accumulée*, ou, comme l'appelle M. Hamilton, l'*action* du système. M. Hamilton désigne cette fonction sous le nom de *fonction caractéristique*, et le théorème que nous venons de démontrer sous le nom de *loi de l'action variable* (*law of varying action*).

C'est cette fonction V qui jouit de la propriété de minimum connue sous le nom de *principe de la moindre action*, ou, suivant l'expression proposée par M. Hamilton, *principe de l'action stationnaire*. Ce principe est contenu, comme cas particulier, dans l'équation (7). En effet, si les coordonnées et les vitesses initiales sont fixées d'avance, d'où il suit que les coordonnées finales le sont aussi, les variations de ces quantités et celle de H, qui en dépend, sont nulles; donc

$$\delta V = 0,$$

ce qui indique que la valeur que prend V pour le mouvement réel est un minimum parmi toutes celles qu'elle pourrait prendre pour les divers mouvements *géométriquement* possibles, mais *dynamiquement* impossibles, que pourrait prendre le système pour passer de la même position initiale à la même position finale.

Si, dans l'équation (3), on remplace x', y', z' par leurs valeurs (10), on voit que la fonction V satisfait à l'équation aux dérivées partielles du premier ordre

$$(13)\qquad \Sigma \frac{1}{2m}[(D_x V)^2 + (D_y V)^2 + (D_z V)^2] = U + H.$$

De plus, à cause des constantes arbitraires particulières qu'on a choisies, lesquelles satisfont à l'équation (4), de même forme que l'équation (3), la fonction V satisfera encore à une seconde équation aux dérivées partielles

$$(14)\qquad \Sigma \frac{1}{2m}[(D_a V)^2 + (D_b V)^2 + (D_c V)^2] = U_0 + H.$$

§ II.

M. Hamilton considérait les deux équations (13) et (14) comme nécessaires à la théorie de la fonction V. Mais Jacobi a donné une grande extension au théorème de M. Hamilton, et en a surtout beaucoup facilité l'application, en faisant voir que la première de ces deux équations aux dérivées partielles suffit pour la détermination de la fonction V, sous une forme plus générale, il est vrai, que celle que M. Hamilton avait exclusivement considérée.

Soit V une solution complète de l'équation aux dérivées partielles (13), renfermant, outre les $3n$ coordonnées x, y, z et la quantité H, $3n$ constantes arbitraires

$$\alpha_1, \alpha_2, \ldots, \alpha_{3n},$$

plus une constante arbitraire combinée avec V par addition. Soit, de plus, U une fonction quelconque des coordonnées, pouvant contenir le temps explicitement (auquel cas, dans l'équation aux dérivées partielles, on remplacerait t par $D_H V$). Les intégrales des équations différentielles (2) du mouvement s'obtiendront par l'élimination de H entre les équations

$$(12)\qquad D_H V = t,$$

$$(15)\qquad D_{\alpha_1} V = \alpha'_1, \quad D_{\alpha_2} V = \alpha'_2, \ldots, \quad D_{\alpha_{3n}} V = \alpha'_{3n},$$

$\alpha'_1, \alpha'_2, \ldots, \alpha'_{3n}$ étant de nouvelles constantes arbitraires.

En effet, la valeur de V rendant identique l'équation (13), on peut différentier celle-ci par rapport à toutes les quantités qui y entrent. En la différentiant donc successivement par rapport aux $3n$ constantes $\alpha_1, \alpha_2, \ldots,$

α_{3n} et à la variable H, il vient

$$(16)\quad \begin{cases} \Sigma \frac{1}{m}(D_x V . D_{\alpha_1} D_x V + \ldots) - D_t U . D_{\alpha_1} D_H V = 0, \\ \ldots\ldots\ldots\ldots\ldots \\ \Sigma \frac{1}{m}(D_x V . D_{\alpha_{3n}} D_x V + \ldots) - D_t U . D_{\alpha_{3n}} D_H V = 0, \\ \Sigma \frac{1}{m}(D_x V . D_H D_x V + \ldots) - D_t U . D_H^2 V = 1. \end{cases}$$

Différentiant maintenant les équations (12), (15) par rapport à t, il vient

$$\Sigma(x' . D_{\alpha_1} D_x V + \ldots) + \frac{dH}{dt} . D_{\alpha_1} D_H V = 0,$$

$$\ldots\ldots\ldots\ldots\ldots$$

$$\Sigma(x' . D_{\alpha_{3n}} D_x V + \ldots) + \frac{dH}{dt} . D_{\alpha_{3n}} D_H V = 0,$$

$$\Sigma(x' . D_H D_x V + \ldots) + \frac{dH}{dt} . D_H^2 V = 1.$$

Comparant ces deux systèmes d'équations, on en déduit

$$(17)\qquad mx' = D_x V,\quad my' = D_y V,\quad mz' = D_z V,$$

$$(18)\qquad \frac{dH}{dt} = - D_t U.$$

Cette dernière relation fait voir que H est une constante, si $D_t U = 0$ [*].

Différentions maintenant l'équation (13) par rapport à x, y, z; il vient

$$\Sigma_i \frac{1}{m_i}(D_{x_i} V . D_x D_{x_i} V + D_{y_i} V . D_x D_{y_i} V + D_{z_i} V . D_x D_{z_i} V) - D_t U . D_x D_H V = D_x U,$$

$$\Sigma_i \frac{1}{m_i}(D_{x_i} V . D_y D_{x_i} V + D_{y_i} V . D_y D_{y_i} V + D_{z_i} V . D_y D_{z_i} V) - D_t U . D_y D_H V = D_y U,$$

$$\Sigma_i \frac{1}{m_i}(D_{x_i} V . D_z D_{x_i} V + D_{y_i} V . D_z D_{y_i} V + D_{z_i} V . D_z D_{z_i} V) - D_t U . D_z D_H V = D_z U.$$

---

[*] Dans le cas de $D_t U = 0$, les équations (16) étant plus nombreuses que les inconnues, il doit en résulter une équation de condition entre $D_{\alpha_1} D_x V$, $D_{\alpha_1} D_y V$, etc. En effet, les $3n$

En différentiant ensuite les équations (17) par rapport à t, et remplaçant x', y', z', $\frac{dH}{dt}$ par leurs valeurs tirées des équations (17) et (18), il vient

$$\Sigma_i \frac{1}{m_i} \left[D_{x_i} V . D_x D_{x_i} V + D_{y_i} V . D_{y_i} D_x V + D_{z_i} V . D_x D_{z_i} V \right]$$
$$- D_t U . D_H D_x V = m x'',$$

etc.

La comparaison de ces deux systèmes d'équations conduit aux équations (2). Donc les équations (2) sont identiquement vérifiées par les valeurs de x, y, z tirées des équations (12), (15). Donc ces dernières sont bien les intégrales générales des équations (2).

En vertu des équations (17), l'équation aux dérivées partielles (13) donne

$$(18') \qquad \frac{1}{2} \Sigma m (x'^2 + y'^2 + z'^2) = U + H,$$

d'où l'on voit que, si U ne contient pas le temps, et que par suite H soit une constante, ce sera la constante des forces vives.

On a ensuite, dans le cas où le principe des forces vives a lieu,

$$dV = \Sigma(D_x V . dx + D_y V . dy + D_z V . dz) = \Sigma m (x' dx + y' dy + z' dz) = 2 T dt,$$

d'où l'on tire

$$V = \int 2 T dt + \text{const.}$$

Si le principe des forces vives n'a pas lieu, on trouve

$$V = \int 2 T dt + \int t dH.$$

Si l'on prend, pour les constantes $\alpha_1, \alpha_2, \ldots, \alpha_{3n}$, les valeurs initiales des coordonnées a, b, c, et qu'on exprime la fonction V au moyen de

$$x, \; y, \; z; \quad a, \; b, \; c; \quad H,$$

en déterminant la constante arbitraire de façon que V s'évanouisse pour

---

premières de ces équations font voir que le déterminant

$$\Sigma (\pm D_{\alpha_1} D_{x_1} V . D_{\alpha_2} D_{y_2} V . D_{\alpha_3} D_{z_3} V . D_{\alpha_4} D_{x_4} V \ldots)$$

est nécessairement nul, ce qui équivaut à une équation de condition entre les quantités x, y, z; $\alpha_1, \ldots, \alpha_{3n}$ H, t. Cette équation, d'où l'on peut éliminer x, y, z, t au moyen des équations (12), (15), détermine une quelconque des quantités $\alpha_1, \ldots, \alpha_{3n}$, H en fonction des autres. Donc alors H est constante, ce qui s'accorde avec la conclusion tirée de l'équation (18).

$t = 0$; nous avons vu, pour le cas du principe des forces vives (et l'on étendrait facilement l'analyse au cas où ce principe n'a plus lieu), que les constantes $\alpha'_1, \alpha'_2, \ldots, \alpha'_{3n}$ sont alors les valeurs initiales a', b', c' des dérivées des coordonnées. L'équation (18') donne donc, pour $t = 0$, dans le cas du principe des forces vives,

$$\frac{1}{2}\Sigma m(a'^2 + b'^2 + c'^2) = U_0 + H;$$

d'où l'on conclut que V satisfait encore à une seconde équation aux dérivées partielles, qui est l'équation (14).

§ III.

Jacobi a fait voir que, dans le cas du principe des forces vives, V peut recevoir une forme plus simple, telle qu'il n'y ait plus d'équation de condition entre H et les autres constantes. L'équation aux dérivées partielles (13) ne renfermant point de dérivées par rapport à H, lorsque U ne contient pas t ou $D_H V$, on peut considérer H comme une constante, et alors V n'est plus fonction que des $3n$ variables

$$x, \quad y, \quad z.$$

La solution complète de l'équation (13) ne renfermera plus alors, outre la constante ajoutée à V, que $3n - 1$ constantes

$$\alpha_1, \quad \alpha_2, \ldots, \alpha_{3n-1};$$

V étant donc exprimé en fonction de $x, y, z, \alpha_1, \alpha_2, \ldots, \alpha_{3n-1}$, et de H, les intégrales complètes des équations du mouvement seront

$$(19)\quad D_{\alpha_1} V = \alpha'_1, \quad D_{\alpha_2} V = \alpha'_2, \ldots, \quad D_{\alpha_{3n-1}} = \alpha'_{3n-1}, \quad D_H V = t - \tau,$$

$\alpha'_1, \alpha'_2, \ldots, \alpha'_{3n-1}, \tau$ étant $3n$ nouvelles constantes arbitraires.

En effet, on tire de l'équation (13) les identités

$$\Sigma \frac{1}{m}(D_x V . D_{\alpha_1} D_x V + \ldots) = 0,$$

$$\ldots\ldots\ldots\ldots\ldots$$

$$\Sigma \frac{1}{m}(D_x V . D_{\alpha_{3n-1}} D_x V + \ldots) = 0,$$

$$\Sigma \frac{1}{m}(D_x V . D_H D_x V + \ldots) = 1.$$

On a d'ailleurs, en différentiant les équations (19),

$$\Sigma(x'.\mathrm{D}_{\alpha_1}\mathrm{D}_x\mathrm{V}+\ldots)=0,$$

. . . .

$$\Sigma(x'.\mathrm{D}_{\alpha_{3n-1}}\mathrm{D}_x\mathrm{V}+\ldots)=0,$$

$$\Sigma(x'.\mathrm{D}_{\mathrm{H}}\mathrm{D}_x\mathrm{V}+\ldots)=1.$$

La comparaison de ces deux systèmes d'équations conduit aux relations (17). Le reste de la démonstration est le même que pour le cas précédent, en supprimant les termes en $\mathrm{D}_t\mathrm{U}$.

§ IV.

M. Hamilton a trouvé encore d'autres fonctions jouissant des mêmes propriétés que la fonction V, et pouvant se déterminer par des moyens analogues.

Supposons d'abord que le principe des forces vives ait lieu, et considérons l'intégrale

$$(20)\qquad \mathrm{S}=\int_0^t(\mathrm{U}+\mathrm{T})\,dt=\int_0^t(2\mathrm{T}-\mathrm{H})\,dt=\mathrm{V}-\mathrm{H}t.$$

On aura, en prenant les variations et remplaçant $\delta\mathrm{V}$ par sa valeur (7),

$$\delta\mathrm{S}=\Sigma m(x'\delta x+y'\delta y+z'\delta z)-\Sigma m(a'\delta a+b'\delta b+c'\delta c)-\mathrm{H}\delta t;$$

d'où l'on voit que si S a été exprimée au moyen de t et des coordonnées initiales et finales, les intégrales premières et finales des équations du mouvement seront

$$(21)\qquad mx'=\mathrm{D}_x\mathrm{S},\qquad my'=\mathrm{D}_y\mathrm{S},\qquad mz'=\mathrm{D}_z\mathrm{S};$$

$$(22)\qquad -ma'=\mathrm{D}_a\mathrm{S},\quad -mb'=\mathrm{D}_b\mathrm{S},\quad -mc'=\mathrm{D}_c\mathrm{S};$$

et l'on aura, de plus, la relation

$$\mathrm{D}_t\mathrm{S}=-\mathrm{H},$$

qui détermine la constante de la force vive.

On peut démontrer directement cette propriété, sans passer par la fonction V. En effet, en définissant les variations δ par l'équation symbolique

$$\delta=\Sigma(\delta a.\mathrm{D}_a+\delta b.\mathrm{D}_b+\delta c.\mathrm{D}_c+\delta a'.\mathrm{D}_{a'}+\delta b'.\mathrm{D}_{b'}+\delta c'.\mathrm{D}_{c'}),$$

on tire de l'équation $S = \int_0^t (T + U)\,dt$,

$$\delta S = \Sigma \int_0^t m\,(x'\delta x' + y'\delta y' + z'\delta z')\,dt + \Sigma \int_0^t m\,(x''\delta x + y''\delta y + z''\delta z)\,dt$$
$$= \Sigma \int_0^t md\,(x'\delta x + y'\delta y + z'\delta z),$$

ou enfin

$$(23)\quad \delta S = \Sigma m\,(x'\delta x + y'\delta y + z'\delta z) - \Sigma m\,(a'\delta a + b'\delta b + c'\delta c).$$

Des $3n$ intégrales des équations du mouvement, on peut tirer a', b', c' en a, b, c, x, y, z, t, et, par suite, $\delta a'$, $\delta b'$, $\delta c'$ en δa, δb, δc, δx, δy, δz. En remplaçant les $3n$ variations indépendantes $\delta a'$, $\delta b'$, $\delta c'$ par les $3n$ variations indépendantes δx, δy, δz, l'équation (23) se décomposera dans les $6n$ équations (21) et (22). Ensuite on aura

$$D_t S = \frac{dS}{dt} - \Sigma\,(x'.D_x S + y'.D_y S + z'.D_z S)$$
$$= T + U - \Sigma m\,(x'^2 + y'^2 + z'^2) = U - T = H.$$

L'équation des forces vives fait voir que la fonction S satisfait aux deux équations aux dérivées partielles

$$(24)\qquad D_t S + \Sigma \frac{1}{2m}\left[(D_x S)^2 + (D_y S)^2 + (D_z S)^2\right] = U,$$

$$(25)\qquad D_t S + \Sigma \frac{1}{2m}\left[(D_a S)^2 + (D_b S)^2 + (D_c S)^2\right] = U_0.$$

Le théorème relatif à la fonction S est susceptible de la même extension que le théorème relatif à la fonction V, et l'on peut démontrer, par les mêmes calculs que dans les paragraphes précédents, que, réciproquement, S étant une solution complète, avec $3n$ constantes arbitraires, $\alpha_1, \alpha_2, \ldots, \alpha_{3n}$, plus une constante combinée par addition de l'équation aux dérivées partielles (24), les intégrales des équations du mouvement seront

$$(26)\qquad \alpha'_1 = D_{\alpha_1} S,\quad \alpha'_2 = D_{\alpha_2} S, \ldots,\quad \alpha'_{3n} = D_{\alpha_{3n}} S,$$

$\alpha'_1, \alpha'_2, \ldots, \alpha'_3$ étant de nouvelles constantes arbitraires.

La fonction S a reçu de M. Hamilton le nom de *fonction principale* du mouvement du système.

§ V.

M. Hamilton a indiqué encore une troisième fonction douée de propriétés analogues. De l'identité

(27) $$\delta T dt = \Sigma m\,(dx\,\delta x' + dy\,\delta y' + dz\,\delta z'),$$

on tire

(28) $$\delta T\, dt + \Sigma m\,(x d\delta x' + y d\delta y' + z d\delta z') = d.\Sigma m\,(x\delta x' + y\delta y' + z\delta z').$$

Le premier membre de cette égalité peut s'écrire

$$\begin{aligned} & dt.\delta[T + \Sigma m\,(xx'' + yy'' + zz'')] - dt.\Sigma m\,(x''\delta x + y''\delta y + z''\delta z) \\ & = dt.\delta(T - U) + \delta.\Sigma m\,(xx'' + yy'' + zz'').dt \\ & = \delta H\, dt + \delta.\Sigma m\,(x dx' + y dy' + z dz'). \end{aligned}$$

En posant donc

$$\begin{aligned} Q &= \int_0^t [\Sigma m\,(x dx' + y dy' + z dz') + H dt] \\ &= \int_0^t dt\,[H + \Sigma\,(x.D_x U + y.D_y U + z.D_z U)], \end{aligned}$$

ou simplement, si le principe des forces vives a lieu,

(29) $$Q = Ht + \int_0^t \Sigma m.\frac{x d^2x + y d^2y + z d^2z}{dt},$$

la relation (28) donne, en intégrant,

$$\delta Q = \Sigma m\,(x\delta x' + y\delta y' + z\delta z') - \Sigma m\,(a\delta a' + b\delta b' + c\delta c'):$$

d'où l'on voit que si, au moyen des équations intégrales du mouvement, ou par toute autre voie, on est parvenu à exprimer Q en fonction des $6n$ quantités x', y', z', a', b', c' et du temps, les équations intégrales premières et finales du mouvement seront exprimées par le système des $6n$ équations

$$\begin{aligned} mx &= D_{x'} Q, & my &= D_{y'} Q, & mz &= D_{z'} Q, \\ -ma &= D_{a'} Q, & -mb &= D_{b'} Q, & -mc &= D_{c'} Q. \end{aligned}$$

On a

$$\begin{aligned} D_t Q &= \frac{dQ}{dt} - \frac{1}{dt}\Sigma\,(dx'.D_{x'} Q + dy'.D_{y'} Q + dz'.D_{z'} Q) \\ &= \frac{dQ}{dt} - \Sigma m\,(xx'' + yy'' + zz'') = H. \end{aligned}$$

L'équation des forces vives

$$T = U(x, y, z) + H$$

donne donc

$$(30)\quad \frac{1}{2}\Sigma m(x'^2+y'^2+z'^2) = U\left(\frac{1}{m}D_{x'}Q,\ \frac{1}{m}D_{y'}Q,\ \frac{1}{m}D_{z'}Q\right) + D_t Q,$$

équation aux dérivées partielles à laquelle satisfait la fonction Q, et qui peut servir à sa détermination. On a aussi une équation pareille relative aux quantités initiales,

$$\frac{1}{2}\Sigma m(a'^2+b'^2+c'^2) = U_0\left(-\frac{1}{m}D_{a'}Q,\ -\frac{1}{m}D_{b'}Q,\ -\frac{1}{m}D_{c'}Q\right) + D_t Q.$$

Réciproquement, soit Q $(x', y', z', \alpha'_1, \alpha'_2, \ldots, \alpha'_{3n}, t)$ une solution complète, avec $3n$ constantes arbitraires (sans compter la constante ajoutée à Q), de l'équation aux dérivées partielles (30), où l'on peut même supposer que U contienne t explicitement. Les équations intégrales du mouvement, tant premières que finales, seront contenues dans le système des $6n$ équations

$$(31)\quad mx = D_{x'}Q,\quad my = D_{y'}Q,\quad mz = D_{z'}Q,$$

$$(32)\quad \alpha_1 = D_{\alpha'_1}Q,\quad \alpha_2 = D_{\alpha'_2}Q,\ldots,\quad \alpha_{3n} = D_{\alpha'_{3n}}Q,$$

$\alpha_1, \alpha_2, \ldots, \alpha_{3n}$ étant de nouvelles constantes arbitraires.

En effet, en différentiant partiellement l'équation (30), on en tire, en ayant égard à (31),

$$0 = \Sigma\frac{1}{m}\left[U'\left(\frac{1}{m}D_{x'}Q\right)D_{\alpha'_1}D_{x'}Q + \ldots\right] + D_t D_{\alpha'_1}Q,$$

. . . .

$$0 = \Sigma\frac{1}{m}\left[U'\left(\frac{1}{m}D_{x'}Q\right)D_{\alpha'_{3n}}D_{x'}Q + \ldots\right] + D_t D_{\alpha'_{3n}}Q.$$

En différentiant ensuite les équations (32), il vient

$$0 = \Sigma\left(\frac{dx'}{dt}\cdot D_{\alpha'_1}D_{x'}Q + \ldots\right) + D_t D_{\alpha'_1}Q,$$

. . . .

$$0 = \Sigma\left(\frac{dx'}{dt}\cdot D_{\alpha'_{3n}}D_{x'}Q + \ldots\right) + D_t D_{\alpha'_{3n}}Q.$$

De la comparaison de ces deux systèmes d'équations, on tire

$$(33)\quad m\frac{dx'}{dt} = U'\left(\frac{1}{m}D_{x'}Q\right),\quad m\frac{dy'}{dt} = U'\left(\frac{1}{m}D_{y'}Q\right),\quad m\frac{dz'}{dt} = U'\left(\frac{1}{m}D_{z'}Q\right).$$

On tire ensuite de l'équation (30)

$$mx' = \Sigma_i \frac{1}{m_i}\left[U'\left(\frac{1}{m_i} D_{x'_i} Q\right) \cdot D_{x'} D_{x'_i} Q + \ldots \right] + D_{x'} D_t Q, \text{ etc.,}$$

et des équations (31)

$$m\frac{dx}{dt} = \Sigma_i \left(\frac{dx'_i}{dt} D_{x'} D_{x'_i} Q + \ldots\right) + D_{x'} D_t Q, \text{ etc.}$$

Ces deux derniers systèmes d'équations, joints aux équations (33), donnent

$$x' = \frac{dx}{dt}, \quad y' = \frac{dy}{dt}, \quad z' = \frac{dz}{dt},$$

et alors les équations (33) deviennent les équations différentielles du mouvement

$$m\frac{d^2x}{dt^2} = D_x U, \text{ etc.}$$

Si U est une fonction homogène du degré ω par rapport à x, y, z, alors

$$Q = \int \Sigma\,(x.\,D_x U + y.\,D_y U + z.\,D_z U)\,dt + \int (T - U)\,dt$$
$$= \int (\omega - 1)\,U\,dt + \int T\,dt.$$

Dans le cas de la nature,

$$\omega = -1,$$

d'où

$$Q = \int (T - 2U)dt = \int 2H\,dt - \int T\,dt = 2Ht - \int T\,dt = 2Ht - \frac{1}{2}V.$$

§ VI.

Nous allons maintenant étendre ces théorèmes au cas où, au lieu de coordonnées rectangulaires, on emploierait un autre système quelconque de coordonnées.

Supposons les $3n$ coordonnées rectangulaires $x_1, y_1, z_1, \ldots, x_n, y_n, z_n$, exprimées au moyen de $3n$ variables quelconques

$$u_1, u_2, \ldots, u_{3n},$$

et cherchons d'abord ce que deviennent les équations du mouvement (2).

Une coordonnée quelconque x étant fonction de $u_1, u_2, \ldots, u_n$, on a

$$x' = u'_1 . \mathrm{D}_{u_1} x + u'_2 . \mathrm{D}_{u_2} x + \ldots + u'_{3n} . \mathrm{D}_{u_{3n}} x,$$

d'où l'on tire, pour deux indices quelconques de x et de u,

(34) $$\mathrm{D}_{u'} x' = \mathrm{D}_u x,$$

puis

$$\mathrm{D}_u x' = u'_1 . \mathrm{D}_u \mathrm{D}_{u_1} x + u'_2 . \mathrm{D}_u \mathrm{D}_{u_2} x + \ldots$$

On a d'ailleurs

$$\frac{d . \mathrm{D}_u x}{dt} = u'_1 . \mathrm{D}_{u_1} \mathrm{D}_u x + u'_2 . \mathrm{D}_{u_2} \mathrm{D}_u x + \ldots .$$

De l'identité de ces deux seconds membres il résulte

(35) $$\mathrm{D}_u x' = \frac{d . \mathrm{D}_u x}{dt}.$$

On a maintenant, en vertu des formules (34), (35) et des autres qui leur sont analogues,

$$\begin{aligned} \mathrm{D}_u \mathrm{U} &= \Sigma(\mathrm{D}_x \mathrm{U} . \mathrm{D}_u x + \ldots) = \Sigma m (x'' . \mathrm{D}_u x + \ldots) \\ &= \frac{1}{dt} d . \Sigma m (x' . \mathrm{D}_u x + \ldots) - \Sigma m \left(x' \frac{d . \mathrm{D}_u x}{dt} + \ldots \right) \\ &= \frac{1}{dt} d . \Sigma m (x' . \mathrm{D}_{u'} x' + \ldots) - \Sigma m (x' . \mathrm{D}_u x' + \ldots), \end{aligned}$$

ou enfin

(36) $$\mathrm{D}_u \mathrm{U} = \frac{d . \mathrm{D}_{u'} \mathrm{T}}{dt} - \mathrm{D}_u \mathrm{T}.$$

Telle est la forme que Lagrange a donnée aux équations du mouvement.

Si les équations de liaison des deux systèmes de coordonnées contiennent le temps explicitement, la valeur de x' contiendra le terme $\mathrm{D}_t x$, et la valeur de $\frac{d . \mathrm{D}_u x}{dt}$ le terme $\mathrm{D}_t \mathrm{D}_u x$. Mais on n'en obtiendra pas moins les relations (34), (35) sur lesquelles est fondée la démonstration des formules (36).

M. Hamilton a donné à ces équations une autre forme, généralement plus commode [*].

[*] Le Mémoire de M. Hamilton a été publié en 1835. Dans un Mémoire inédit, écrit en 1831, M. Cauchy avait déjà employé les équations du mouvement sous cette forme.

Posons, pour abréger,

(37) $$D_{u'}T = p.$$

Si l'on suppose que les équations de liaison entre les deux systèmes de variables soient indépendantes du temps, T sera une fonction homogène du second degré par rapport aux quantités u'. Les $3n$ équations (37) détermineront donc les $3n$ quantités u' au moyen des $3n$ quantités p et des coordonnées, et ces valeurs seront des fonctions linéaires et homogènes des quantités p. Substituant ces valeurs dans l'expression de T, il en résultera une valeur

(38) $$T = F(p_1, p_2, \ldots, p_{3n}, u_1, u_2, \ldots, u_{3n}),$$

qui sera encore homogène et du second degré par rapport aux quantités p.

Cela posé, on a, par la propriété des fonctions homogènes,

$$2T = \Sigma D_{u'}T . u' = \Sigma pu',$$

d'où

$$2\delta T = \Sigma(u'\delta p + p\delta u').$$

D'ailleurs, T étant fonction des quantités u, u', on a

$$\delta T = \Sigma(p\delta u' + D_u T . \delta u).$$

Retranchant la valeur de δT de celle de $2\delta T$, il vient

$$\delta T = \Sigma(u'\delta p - D_u T . \delta u).$$

Si donc T est exprimé par l'équation (38), en fonction des quantités u et p, il résulte de l'identité précédente qu'on aura les relations

(39) $$u' = F'(p),$$

(40) $$-D_u T = F'(u).$$

Si l'on pose maintenant

$$T - U = H,$$

et que l'on suppose H exprimé en fonction des quantités u, p, on aura, en remarquant que U ne contient pas les quantités p,

$$D_u U + D_u T = D_u U - F'(u) = - D_u H,$$
$$F'(p) = D_p H.$$

Donc, en vertu des équations (39), les $3n$ équations du second ordre (36) pourront être remplacées par les $6n$ équations du premier ordre

$$(41) \qquad \frac{du}{dt} = \mathrm{D}_p \mathrm{H}, \quad \frac{dp}{dt} = - \mathrm{D}_u \mathrm{H},$$

que l'on peut représenter d'une manière abrégée par la formule

$$(42) \qquad \Sigma(du\,\delta p - dp\,\delta u) = dt\,\delta \mathrm{H}.$$

§ VII.

Comme on a, en vertu des relations (34),

$$\delta x = \delta u_1 . \mathrm{D}_{u'_1} x' + \delta u_2 . \mathrm{D}_{u'_2} x' + \ldots + \delta u_{3n} . \mathrm{D}_{u'_{3n}} x',$$
$$x' = u'_1 . \mathrm{D}_{u'_1} x' + u'_2 . \mathrm{D}_{u'_2} x' + \ldots + u'_{3n} . \mathrm{D}_{u'_{3n}} x',$$

il en résulte

$$\begin{aligned} &\Sigma m(x'\delta x + y'\delta y + z'\delta z) \\ &= \Sigma m \left[(x' . \mathrm{D}_{u'_1} x' + \ldots)\delta u_1 + (x' . \mathrm{D}_{u'_2} x' + \ldots)\delta u_2 + \ldots \right] \\ &= \mathrm{D}_{u'_1} \mathrm{T} . \delta u_1 + \mathrm{D}u_{u'_2} \mathrm{T} . \delta u_2 + \ldots = \Sigma p\,\delta u. \end{aligned}$$

De même, en désignant par $e_1, e_2, \ldots, e_{3n}$ les valeurs initiales de $u_1, u_2, \ldots, u_{3n}$ par $e'_1, e'_2, \ldots, e'_{3n}$ les valeurs initiales de $u'_1, u_{3n}, \ldots, u'_{3n}$, et par $f_1, f_2, \ldots, f_{3n}$ les valeurs initiales de $p_1, p_2, \ldots, p_{3n}$, c'est-à-dire $\mathrm{D}_{e'_1} \mathrm{T}_0$, $\mathrm{D}_{e'_2} \mathrm{T}_0$, etc., l'expression (7) de la variation $\delta \mathrm{V}$ deviendra

$$\delta \mathrm{V} = \Sigma p\,\delta u - \Sigma f\,\delta e + t\,\delta \mathrm{H},$$

équation qui se décompose, comme l'équation (7), dans les équations intégrales premières et finales du mouvement

$$(43) \qquad \mathrm{D}_{u_1} \mathrm{V} = p_1, \quad \mathrm{D}_{u_2} \mathrm{V} = p_2, \ldots, \quad \mathrm{D}_{u_{3n}} \mathrm{V} = p_{3n},$$

$$(44) \qquad \mathrm{D}_{e_1} \mathrm{V} = -f_1, \quad \mathrm{D}_{e_2} \mathrm{V} = -f_2, \ldots, \quad \mathrm{D}_{e_{3n}} \mathrm{V} = -f_{3n},$$

jointes toujours à l'équation (12).

L'équation des forces vives, jointe aux relations (38), (43), (44) fait voir que la fonction V, exprimée en fonction de $u_1, u_2, \ldots, u_{3n}, e_1, e_2, \ldots, e_{3n}$, H, satisfait aux deux équations aux dérivées partielles, relatives l'une à l'état final, l'autre à l'état initial,

(45) $F(D_{u_1}V, D_{u_2}V, \ldots, D_{u_{3n}}V, u_1, u_2, \ldots, u_{3n}) = U(u_1, u_2, \ldots, u_{3n}) + H.$

(46) $F(D_{e_1}V, D_{e_2}V, \ldots, D_{e_{3n}}V, e_1, e_2, \ldots, e_{3n}) = U_0(e_1, e_2, \ldots, e_{3n}) + H.$

Démontrons maintenant directement la réciproque de ce théorème, en le généralisant. Soit $V(u_1, u_2, \ldots, u_{3n}, \alpha_1, \alpha_2, \ldots, \alpha_{3n}, H) +$ const., une solution complète de l'équation aux dérivées partielles

(47) $F(D_{u_1}V, D_{u_2}V, \ldots, D_{u_{3n}}V, u_1, u_2, \ldots, u_{3n}) = U(u_1, u_2, \ldots, u_{3n}, t) + H,$

où l'on a remplacé t par $D_H V$. Les équations intégrales du mouvement seront

(48) $$D_{\alpha_1}V = \alpha'_1, \quad D_{\alpha_2}V = \alpha'_2, \quad \ldots, \quad D_{\alpha_{3n}}V = \alpha'_{3n},$$

jointes avec l'équation

(12) $$D_H V = t.$$

En effet, on tire de l'équation (47)

$$\Sigma F'(D_u V) . D_{\alpha_1} D_u V = U'(t) . D_{\alpha_1} D_H V,$$

. . . .

$$\Sigma F'(D_u V) . D_{\alpha_{3n}} D_u V = U'(t) . D_{\alpha_{3n}} D_H V,$$

$$\Sigma F'(D_u V) . D_H D_u V = U'(t) . D_H^2 V + 1.$$

En différentiant les équations (48), (12), on a

$$\Sigma u' . D_{\alpha_1} D_u V = -\frac{dH}{dt} \cdot D_{\alpha_1} D_H V,$$

. . . .

$$\Sigma u' . D_{\alpha_{3n}} D_u V = -\frac{dH}{dt} \cdot D_{\alpha_{3n}} D_H V,$$

$$\Sigma u' . D_H D_u V = -\frac{dH}{dt} \cdot D_H^2 V + 1.$$

La comparaison de ces deux systèmes d'équations donne, pour tout indice de u,

(49) $$u' = F'(D_u V),$$

(50) $$\frac{dH}{dt} = -U'(t).$$

Rapprochant les équations (49) des équations (39), on en tire

(51) $$p = D_u V.$$

En différentiant maintenant l'équation (47) par rapport aux coordonnées, puis les équations (51) par rapport au temps, on en tire, d'une part,

$$F'(u) + \Sigma_i F'(D_{u_i} V) \cdot D_u D_{u_i} V = U'(t) \cdot D_u D_H V + U'(u),$$

d'autre part,

$$\Sigma_i u'_i \cdot D_u D_{u_i} V + \frac{dH}{dt} \cdot D_u D_H V = \frac{dp}{dt}.$$

De ces deux systèmes d'équations, en ayant égard aux équations (49), (50), on tire

$$\frac{dp}{dt} = U'(u) - F'(u).$$

Donc les équations du mouvement sont satisfaites.

§ VIII.

La fonction S est susceptible d'une transformation analogue.

En effet, d'après ce qui précède, S devenant fonction de $u_1, \ldots, u_{3n}$, $e_1, \ldots, e_{3n}, t$,

$$\begin{aligned} \delta S &= \Sigma m(x'\delta x + y'\delta y + z'\delta z) - \Sigma m(a'\delta a + b'\delta b + c'\delta c) \\ &= \Sigma p\delta u - \Sigma f\delta e, \end{aligned}$$

d'où l'on tire les équations intégrales premières et finales,

$$D_u S = p, \quad D_e S = -f.$$

Ensuite, à cause de (20) et (39),

$$D_t S = \frac{dS}{dt} - \Sigma u' \cdot D_u S = U + F(p_1, \ldots, p_{3n}, u_1, \ldots, u_{3n}) - \Sigma F'(p) \cdot p.$$

La fonction F étant homogène et du second degré par rapport aux quantités p, on a

$$\Sigma p \cdot F'(p) = 2F;$$

donc

$$\text{(52)} \qquad D_t S = U - F = - H,$$

H étant la constante des forces vives [*].

Il résulte de là et des équations $D_u S = p$, que l'on a

$$\text{(53)} \quad D_t S + F(D_{u_1} S, \ldots, D_{u_{3n}} S, u_1, \ldots, u_{3n}) = U(u_1, u_2, \ldots, u_{3n}).$$

Telle est l'équation aux dérivées partielles à laquelle doit satisfaire la fonction S. Cette fonction doit encore, d'après le choix actuel de constantes, satisfaire à une équation semblable relative à l'état initial.

Démontrons la réciproque avec l'extension donnée par Jacobi.

Soit $S(u_1, u_2, \ldots, u_{3n}, t, \alpha_1, \alpha_2, \ldots, \alpha_{3n}) +$ const. une solution complète de l'équation (53), où l'on peut supposer que le second membre contient explicitement le temps. Les intégrales des équations du mouvement seront

$$\text{(54)} \qquad D_{\alpha_1} S = \alpha'_1, \; D_{\alpha_2} S = \alpha'_2, \ldots, \; D_{\alpha_{3n}} S = \alpha'_{3n}.$$

On tire, en effet, de l'équation (53) $3n$ équations de la forme

$$D_t D_\alpha S + \Sigma F'(D_u S) . D_u D_\alpha S = 0,$$

---

[*] Autrement, l'équation (42) peut se mettre sous la forme

$$\Sigma[\delta(p\,du) - d(p\,\delta u)] = dt\,\delta H,$$

ou

$$\text{(A)} \qquad \delta.(\Sigma p\,du - H\,dt) = d.\Sigma p\,\delta u.$$

Si l'on pose donc

$$S = \int_0^t (\Sigma p\,du - H\,dt),$$

ou, à cause de l'homogénéité de T qui donne $\Sigma p\,du = 2T\,dt$,

$$S = \int_0^t (2T - H)\,dt = \int_0^t (T + U)\,dt,$$

on aura alors, en intégrant l'équation (A),

$$\delta S = \Sigma(p\,\delta u - f\,\delta c),$$

ou bien encore, en posant $V = \int_0^t 2T\,dt$,

$$\delta V = \Sigma(p\,\delta u - f\,\delta c) - t\,\delta H.$$

et des équations (54), $3n$ équations de la forme

$$D_t D_\alpha S + \Sigma u'. D_u D_\alpha S = 0,$$

d'où l'on tire, par comparaison,

$$u' = F'(D_u S). \tag{55}$$

On a d'ailleurs

$$u' = F'(p),$$

ce qui donne déjà les intégrales premières

$$D_u S = D_{u'} T = p, \tag{56}$$

et, par suite,

$$D_t S = U - F(p_1, \ldots, p_{3n}, u_1, \ldots, u_{3n}) = U - T = -H;$$

c'est la constante des forces vives, lorsque $D_t U = 0$.

Mais des équations (53), (56), on tire les deux systèmes

$$D_t D_u S + F'(u) + \Sigma_i F'(D_{u_i} S). D_u D_{u_i} S = U'(u),$$

et

$$D_t D_u S + \Sigma_i u'_i . D_u D_{u_i} S = \frac{dp}{dt}.$$

Donc, en vertu des équations (55),

$$\frac{dp}{dt} = U'(u) - F'(u).$$

Donc les équations différentielles du mouvement sont satisfaites.

Dans le cas du principe des forces vives, il résulte de l'équation (52) que, si l'on introduit la constante H parmi celles que doit renfermer la solution complète de l'équation (53), la fonction S est de la forme $-Ht$ + une fonction des quantités u, de H et des autres constantes, sans t, le terme $-Ht$ étant le seul qui renferme explicitement le temps. Cette fonction des coordonnées et des constantes n'est autre chose que la fonction V, comme cela résulte de l'équation (20). Il est d'ailleurs aisé de voir que, si S est une solution complète de l'équation (53), $S + Ht$ sera une solution complète de l'équation (45). Ainsi la détermination de S se ramènera, dans ce cas, à la détermination de V qui contient (§ III) une variable de moins, et, par suite, une constante arbitraire de moins.

L'une des intégrales du système est, en désignant par $-\tau$ une constante arbitraire,

$$-\tau = D_H S = -t + D_H V,$$

ce qui s'accorde avec ce que nous avons vu dans le § III. Ce sera la seule intégrale qui contienne le temps explicitement. $-\tau$ est la constante qui accompagne partout le temps dans les équations finies du mouvement. On voit que cette constante s'obtient en différentiant S par rapport à la constante des forces vives.

§ IX.

Donnons enfin le même théorème relativement à la fonction Q. Ce cas présente avec les précédents cette différence essentielle, que la fonction Q, n'ayant, en général, aucune signification dynamique, comme en avaient les fonctions V et S, change de valeur comme de forme avec le système de coordonnées qu'on emploie. C'est là une des causes qui font que cette fonction est de peu d'utilité dans la pratique.

Partons des équations du mouvement mises sous la forme

$$-dt\,\delta H = \Sigma(dp\,\delta u - du\,\delta p),$$

on en tire

$$d.\Sigma u\,\delta p = dt.\delta(\Sigma u\,dp + H).$$

Intégrant entre o et t, substituant pour dp sa valeur $-D_u H.dt$, et désignant toujours par e, f les valeurs initiales de u, p, il vient

$$\delta\int_0^t (H - \Sigma u.D_u H)\,dt = \Sigma(u\,\delta p - e\,\delta f);$$

d'où l'on voit qu'en désignant par Q l'intégrale du premier membre, et supposant cette fonction exprimée au moyen de t, des quantités p et de leurs valeurs initiales f, les intégrales premières et finales du système seront données à la fois par l'ensemble de $6n$ équations

$$u = D_p Q, \quad -e = D_f Q.$$

On a ensuite, en ayant égard aux équations que l'on vient de poser,

$$D_t Q = \frac{dQ}{dt} - \Sigma D_p Q.\frac{dp}{dt} = (H - \Sigma u.D_u H) - \Sigma u.\frac{dp}{dt} = H;$$

donc la fonction Q satisfait à l'équation aux dérivées partielles

$$(57)\quad -D_t Q + F(p_1,\ldots,p_{3n}, D_{p_1}Q,\ldots,D_{p_{3n}}Q) = U(D_{p_1}Q,\ldots,D_{p_{3n}}Q)$$

ainsi qu'à l'équation analogue relative à l'état initial.

Réciproquement, soit

$$Q(p_1, \ldots, p_{3n}, \alpha'_1, \ldots, \alpha'_{3n}, t) + \text{const.}$$

une solution complète de l'équation aux dérivées partielles (57), où U peut être supposé contenir t explicitement. Les équations intégrales premières et finales du mouvement seront contenues dans les $6n$ équations

$$(58) \qquad u = D_p Q, \quad \alpha = D_{\alpha'} Q,$$

les $3n$ quantités α étant de nouvelles constantes arbitraires.

En effet, l'équation (57) donne pour un indice quelconque de α',

$$-D_t D_{\alpha'} Q + \Sigma F'(D_p Q) . D_{\alpha'} D_p Q = \Sigma U'(D_p Q) . D_{\alpha'} D_p Q;$$

les équations $\alpha = D_{\alpha'} Q$ donnent en même temps

$$-D_t D_{\alpha'} Q - \Sigma \frac{dp}{dt} . D_{\alpha'} D_p Q = 0:$$

d'où, en comparant les deux systèmes,

$$(59) \qquad \frac{dp}{dt} = U'(D_p Q) - F'(D_p Q) = -H'(D_p Q).$$

On a ensuite, en différentiant (57) par rapport à p,

$$-D_t D_p Q + F'(p) + \Sigma_i F'(D_{p_i} Q) . D_p D_{p_i} Q = \Sigma_i U'(D_{p_i} Q) . D_p D_{p_i} Q,$$

puis, en différentiant les équations $u = D_p Q$ par rapport au temps,

$$-D_t D_p Q - \Sigma_i \frac{dp_i}{dt} . D_p D_{p_i} Q = -\frac{du_i}{dt}.$$

Ces deux systèmes d'équations donnent, en vertu des équations (59),

$$\frac{du}{dt} = F'(p) = D_p H.$$

Ensuite, en vertu des équations (58), les équations (59) deviennent

$$\frac{dp}{dt} = -H'(D_p Q) = -D_u H.$$

Donc les équations du mouvement sont satisfaites.

§ X.

Souvent il peut être utile d'introduire, dans les équations du mouvement, des variables en nombre plus grand que celui qui est nécessaire pour déterminer les positions des n points. Voyons ce que deviennent alors les formules précédentes.

Soient $u_1, u_2, \ldots, u_{3n+k}$ les variables employées, lesquelles sont liées nécessairement par k équations de condition

$$\varphi_1 = 0, \quad \varphi_2 = 0, \ldots, \quad \varphi_k = 0.$$

Supposons que de ces équations on ait déduit les valeurs des k dernières variables en fonction des $3n$ autres, de sorte qu'on ait

$$u_{3n+1} = \psi_1(u_1, \ldots, u_{3n}), \ldots, \quad u_{3n+k} = \psi_k(u_1, \ldots, u_{3n}).$$

On aura alors

$$(60) \qquad \delta u_{3n+i} = \psi'_i(u_1)\,\delta u_1 + \psi'_i(u_2)\,\delta u_2 + \ldots + \psi'_i(u_{3n})\,\delta u_{3n},$$

$$(61) \qquad u'_{3n+i} = \psi'_i(u_1)\,.\,u'_1 + \psi'_i(u_2)\,.\,u'_2 + \ldots + \psi'_i(u_{3n})\,.\,u'_{3n}.$$

Si l'on exprime T successivement en fonction de $u_1, u_2, \ldots, u_{3n}$ et de leurs dérivées, puis en fonction de $u_1, u_2, \ldots, u_{3n+k}$ et de leurs dérivées, en employant la caractéristique δ pour désigner les dérivées partielles obtenues dans le second cas, on aura les deux identités

$$\delta T = D_{u'_1} T.\,\delta u'_1 + D_{u'_2} T.\,\delta u'_2 + \ldots + D_{u'_{3n}} T.\,\delta u'_{3n},$$

$$\delta T = \frac{\delta T}{\delta u'_1}\,.\,\delta u'_1 + \frac{\delta T}{\delta u'_2}\,.\,\delta u'_2 + \ldots + \frac{\delta T}{\delta u'_{3n+k}}\,.\,\delta u'_{3n+k}.$$

Mais on tire de l'équation (61),

$$D_{u'_1} u'_{3n+i} = \psi'_i(u_1), \quad D_{u'_2} u'_{3n+i} = \psi'_i(u_2), \ldots,$$

et de là résulte que l'on a

$$\delta u'_{3n+i} = \psi'_i(u_1)\,.\,\delta u'_1 + \psi'_i(u_2)\,.\,\delta u'_2 + \ldots + \psi'_i(u_{3n})\,.\,\delta u'_{3n}$$

Donc la seconde valeur de δT peut s'écrire :

$$\delta T = \left[\frac{\delta T}{\delta u'_1} + \frac{\delta T}{\delta u'_{3n+1}}\,.\,\psi'_1(u_1) + \ldots + \frac{\delta T}{\delta u'_{3n+k}}\,.\,\psi'_k(u_1)\right]\delta u'_1 + \ldots$$
$$+ \left[\frac{\delta T}{\delta u'_{3n}} + \frac{\delta T}{\delta u'_{3n+1}}\,\psi'_1(u_{3n}) + \ldots + \frac{\delta T}{\delta u'_{3n+k}}\,\psi'_k(u_{3n})\right]\delta u'_{3n};$$

et comme elle doit être identique avec la première, il en résulte que l'on a, pour tout indice de u inférieur à $3n+1$,

$$D_{u'} T = \frac{\delta T}{\delta u'} + \frac{\delta T}{\delta u'_{3n+1}}\,.\,\psi'_1(u) + \ldots + \frac{\delta T}{\delta u'_{3n+k}}\,.\,\psi'_k(u).$$

On en conclut, en ayant égard aux relations (60),

$$D_{u'_1} T . \delta u_1 + \ldots + D_{u'_{3n}} T . \delta u_{3n}$$
$$= \frac{\delta T}{\delta u'_1} . \delta u_1 + \ldots + \frac{\delta T}{\delta u'_{3n}} \delta u_{3n} + \ldots + \frac{\delta T}{\delta u'_{3n+k}} \delta u_{3n+k}.$$

La même transformation peut s'opérer relativement aux coordonnées initiales, de sorte qu'on aura les variations δV, δS exprimées au moyen des $6n + 2k$ coordonnées initiales et finales, et de leurs variations par les formules

$$\delta V = \Sigma \frac{\delta T}{\delta u'} \delta u - \Sigma \frac{\delta T_0}{\delta e'} \delta e + t \delta H,$$

$$\delta S = \Sigma \frac{\delta T}{\delta u'} \delta u - \Sigma \frac{\delta T_0}{\delta e} \delta e - H \delta t.$$

Mais ici, les variations n'étant plus indépendantes, on ne pourra égaler séparément leurs coefficients à zéro, à moins qu'on n'ajoute à ces expressions les variations des premiers membres des équations de condition initiales et finales, multipliées par des coefficients indéterminés. On aura alors, par exemple, pour l'expression de δS,

$$(62) \qquad \delta S = \Sigma \frac{\delta T}{\delta u'} \delta u - \Sigma \frac{\delta T_0}{\delta e'} \delta e - H \delta t + \Sigma \lambda \delta \varphi + \Sigma \lambda^{(0)} \delta \varphi^{(0)},$$

et les équations intégrales premières et finales seront

$$\frac{\delta S}{\delta u} = \frac{\delta T}{\delta u'} + \lambda_1 \frac{\delta \varphi_1}{\delta u} + \ldots + \lambda_k \frac{\delta \varphi_k}{\delta u},$$

$$\frac{\delta S}{\delta e} = \frac{\delta T_0}{\delta e'} + \lambda_1^{(0)} \frac{\delta \varphi_1^{(0)}}{\delta e} + \ldots + \lambda_k^{(0)} \frac{\delta \varphi_k^{(0)}}{\delta e}.$$

Ainsi, les équations intégrales sont ramenées à une forme pareille à celle que Lagrange a donnée aux équations différentielles du second ordre.

Au lieu des coordonnées et des vitesses initiales, on aurait pu prendre des constantes arbitraires quelconques, liées par des équations de condition. Supposons que dans la solution complète S, on ait introduit $3n + l$ constantes arbitraires, liées par les équations de condition

$$(63) \qquad \Pi_1 = 0, \quad \Pi_2 = 0, \ldots, \quad \Pi_l = 0.$$

Si l'on avait commencé par éliminer les l dernières constantes, la partie constante de δS aurait été

$$(64) \qquad \alpha'_1 \delta \alpha_1 + \alpha'_2 \delta \alpha_2 + \ldots + \alpha'_{3n} \delta \alpha_{3n}.$$

Si l'on emploie les $3n + l$ constantes, elle sera de la forme

$$(65) \qquad (\alpha'_1)\,\delta\alpha_1 + (\alpha'_2)\,\delta\alpha_2 + \ldots + (\alpha'_{3n+l})\,\delta\alpha_{3n+l},$$

les nouvelles constantes $(\alpha'_1), \ldots, (\alpha'_{3n+l})$ étant liées aux constantes $\alpha'_1, \ldots, \alpha'_{3n}$ par les équations de condition

$$(\alpha'_1) + (\alpha'_{3n+1}) \,.\, D_{\alpha_1}\alpha_{3n+1} + \ldots + (\alpha'_{3n+l}) \,.\, D_{\alpha_1}\alpha_{3n+l} = \alpha'_1,$$

. . . .

$$(\alpha'_{3n}) + (\alpha'_{3n+1}) \,.\, D_{\alpha_{3n}}\alpha_{3n+1} + \ldots + (\alpha'_{3n+l}) \,.\, D_{\alpha_{3n}}\alpha_{3n+l} = \alpha'_{3n},$$

que l'on obtient en identifiant les expressions (64), (65), au moyen des équations de condition (63). Alors, au lieu de l'équation (62), on a la suivante :

$$\delta S = \Sigma \frac{\delta T}{du'}\,\delta u + \Sigma(\alpha')\,\delta\alpha - H\,\delta t + \Sigma\lambda\delta\varphi + \Sigma L\,\delta\Pi,$$

$L_1, L_2, \ldots, L_l$ étant des coefficients indéterminés, et cette équation se partage en $6n + k + l$ autres, contenant $k + l$ coefficients indéterminés, et qui, par l'élimination de ces coefficients, se réduisent à $6n$ équations, auxquelles il faut joindre les k équations de condition et leurs différentielles.

§ XI.

Jusqu'ici nous avons supposé que tous les points du système étaient libres. Supposons maintenant qu'ils soient assujettis à des équations de liaison

$$(66) \qquad \varphi_1 = 0, \quad \varphi_2 = 0, \ldots, \quad \varphi_k = 0,$$

entre les $3n$ coordonnées $x_1, y_1, z_1, \ldots, x_n, y_n, z_n$. Soient $u_1, u_2, \ldots, u_\nu$ des variables indépendantes, au nombre de $\nu = 3n - k$, au moyen desquelles on exprime x_1, y_1, etc. Si l'on met, pour x_1, y_1, etc., leurs valeurs en u_1, u_2, etc., dans les équations (66), ces équations seront identiquement satisfaites, de sorte que les variations $\delta\varphi_1$, $\delta\varphi_2$, etc., seront identiquement nulles.

On sait que, dans le cas d'un système à liaisons, les équations du mouvement peuvent s'écrire

$$\delta U + \Sigma\lambda\delta\varphi = \Sigma m\,(x''\delta x + y''\delta y + z''\delta z).$$

On tire de là

$$\delta U + \Sigma \lambda \delta \varphi = \Sigma m \begin{bmatrix} x'' (D_{u_1} x . \delta u_1 + D_{u_2} x . \delta u_2 + \ldots) \\ + y'' (D_{u_1} y . \delta u_1 + D_{u_2} y . \delta u_2 + \ldots) + \ldots \end{bmatrix}$$

$$= \delta u_1 . \Sigma m (x'' . D_{u_1} x + \ldots) + \delta u_2 . \Sigma m (x'' . D_{u_2} x + \ldots)$$

$$= \delta u_1 \left[\frac{1}{dt} d . \Sigma m (x' . D_{u_1} x + \ldots) - \Sigma m . \frac{1}{dt} (x' . d D_{u_1} x + \ldots) \right]$$

$$+ \delta u_2 \left[\frac{1}{dt} d . \Sigma m (x' . D_{u_2} x + \ldots) - \Sigma m . \frac{1}{dt} (x' . d D_{u_2} x + \ldots) \right]$$

$$+ \ldots \ldots \ldots \ldots \ldots \ldots \ldots \ldots$$

Nous avons d'ailleurs démontré les relations

$$D_u x = D_{u'} x', \quad \frac{1}{dt} d . D_u x = D_u x'.$$

De là résulte

$$D_{u'} T = \Sigma m (x' . D_u x + \ldots), \quad D_u T = \frac{1}{dt} \Sigma m (x' d . D_u x + \ldots).$$

Substituant dans l'expression de $\delta U + \Sigma \lambda \delta \varphi$, qui se réduit identiquement à δU, il vient

$$(67) \quad dt\, \delta U = \delta u_1 (d . D_{u'_1} T - dt . D_{u_1} T) + \ldots + \delta u_\nu (d . D_{u'_\nu} T - dt . D_{u_\nu} T),$$

équation qui se partage en ν équations de même forme que les équations (36), et que l'on ramènerait de même à la forme des équations (41) ou (42). Ainsi la forme des équations du mouvement est la même dans un système à liaisons que dans un système libre, pourvu que l'on suppose les variables réduites au plus petit nombre possible.

Si, au lieu des ν variables indépendantes, on avait pris $\nu + h$ variables liées par h équations de condition $\chi_1 = 0, \ldots, \chi_h = 0$, il aurait suffi d'ajouter au premier membre de (67) l'expression $dt\, \Sigma \lambda \delta \chi$.

La propriété de la fonction S subsiste encore dans le cas d'un système à liaisons, pourvu qu'elle soit exprimée par des variables réduites au plus petit nombre possible.

Supposons toujours $u'_1, u'_2, \ldots, u'_\nu$ exprimés au moyen de

$$p_1 = D_{u'_1} T, \quad p_2 = D_{u'_2} T, \ldots, \quad p_\nu = D_{u'_\nu} T,$$

et soit

$$T (u'_1, \ldots, u'_\nu, u_1, \ldots, u_\nu) = F (p_1, \ldots, p_\nu, u_1, \ldots u_\nu).$$

Si l'on a trouvé une solution complète

$$S(u_1, \ldots, u_\nu, t, \alpha_1, \ldots, \alpha_\nu)$$

de l'équation aux dérivées partielles

$$D_t S + F(D_{u_1} S, \ldots, D_{u_\nu} S, u_1, \ldots, u_\nu) = U(u_1, \ldots, u_\nu, t),$$

les intégrales des équations du mouvement seront

$$D_{\alpha_1} S = \alpha'_1, \quad D_{\alpha_2} S = \alpha'_2, \ldots, \quad D_{\alpha_\nu} S = \alpha'_\nu.$$

La démonstration est absolument la même que dans le cas d'un système de points libres, en changeant seulement l'indice $3n$ en ν.

Si l'on veut maintenant, au lieu des variables indépendantes, introduire un plus grand nombre de variables, et de même, au lieu des constantes indépendantes, introduire un plus grand nombre de constantes liées, comme les variables, par des équations de condition, on transformera la fonction S, comme nous l'avons fait pour le cas d'un système libre.

Ainsi, soient les variables $u_1, u_2, \ldots, u_{\nu+h}$, liées par les équations de condition

$$\chi_1 = 0, \quad \chi_2 = 0, \ldots, \quad \chi_h = 0,$$

et supposons la fonction S exprimée au moyen de ces $\nu + h$ variables et des $\nu + l$ constantes arbitraires $\alpha_1, \alpha_2, \ldots, \alpha_{\nu+l}$, assujetties aux l équations de condition

$$\Pi_1 = 0, \quad \Pi_2 = 0, \ldots, \quad \Pi_l = 0.$$

Les équations différentielles du mouvement sont données par la formule

$$\delta U + \Sigma \lambda \delta \chi = \delta u_1 \left(\frac{1}{dt} d \cdot \frac{\delta T}{\delta u'_1} - \frac{\delta T}{\delta u_1} \right) + \ldots + \delta u_{\nu+h} \left(\frac{1}{dt} d \cdot \frac{\delta T}{\delta u'_{\nu+h}} - \frac{\delta T}{\delta u_{\nu+h}} \right).$$

Si l'on désigne par $(\alpha'_1), (\alpha'_2), \ldots, (\alpha'_{\nu+l})$ des constantes satisfaisant aux ν conditions,

$$(\alpha'_1) + (\alpha'_{\nu+1}) \frac{\delta \alpha_{\nu+1}}{\delta \alpha_1} + \ldots + (\alpha'_{\nu+l}) \frac{\delta \alpha_{\nu+l}}{\delta \alpha_1} = \alpha'_1,$$

$$\ldots\ldots\ldots\ldots\ldots\ldots\ldots\ldots$$

$$(\alpha'_\nu) + (\alpha'_{\nu+1}) \frac{\delta \alpha_{\nu+1}}{\delta \alpha_\nu} + \ldots + (\alpha'_{\nu+l}) \frac{\delta \alpha_{\nu+l}}{\delta \alpha_\nu} = \alpha'_\nu,$$

on verra, comme dans le paragraphe précédent, que l'équation

$$\delta S = D_{u'_1} T . \delta u_1 + \ldots + D_{u'_\nu} T . \delta u_\nu + \alpha'_1 \delta \alpha_1 + \ldots + \alpha'_\nu \delta \alpha_\nu$$

se trouvera remplacée par la suivante :

$$\delta S = \frac{\delta T}{\delta u'_1} \delta u_1 + \ldots + \frac{\delta T}{\delta u'_{\nu+h}} \delta u_{\nu+h} + (\alpha'_1) \delta \alpha_1 + \ldots + \alpha'_{\nu+l} \delta \alpha_{\nu+l}$$
$$+ \Sigma \lambda \delta \chi + \Sigma L \delta \Pi,$$

qui se décomposera en autant d'équations séparées qu'il y a de variations δu, $\delta \alpha$. Les intégrales premières et finales des équations du mouvement seront donc

$$\frac{\delta S}{\delta u_1} = \frac{\delta T}{\delta u'_1} + \Sigma \lambda \frac{\delta \chi}{\delta u_1}, \ldots, \quad \frac{\delta S}{\delta u_{\nu+h}} = \frac{\delta T}{\delta u'_{\nu+h}} + \Sigma \lambda \frac{\delta \chi}{\delta u_{\nu+h}},$$
$$\frac{\delta S}{\delta \alpha_1} = (\alpha'_1) + \Sigma L \frac{\delta \Pi}{\delta \alpha_1}, \ldots, \quad \frac{\delta S}{\delta \alpha_{\nu+l}} = (\alpha'_{\nu+l}) + \Sigma L \frac{\delta \Pi}{\delta \alpha_{\nu+l}}.$$

§ XII.

Nous allons maintenant étudier les propriétés de la fonction principale dans le mouvement relatif.

Soient ξ, η, ζ les coordonnées de chaque point m par rapport à trois axes fixes dans l'espace;

α, β, γ les valeurs initiales de ces coordonnées;

$\xi_{\prime\prime}$, $\eta_{\prime\prime}$, $\zeta_{\prime\prime}$ les coordonnées d'une origine mobile, à laquelle nous rapporterons les positions des corps;

$\xi_\prime$, $\eta_\prime$, $\zeta_\prime$ les coordonnées du point m par rapport à trois axes menés par l'origine mobile parallèlement aux axes fixes;

$\alpha_{\prime\prime}$, $\beta_{\prime\prime}$, $\gamma_{\prime\prime}$, $\alpha_\prime$, $\beta_\prime$, $\gamma_\prime$, etc., les valeurs initiales de $\xi_{\prime\prime}$, $\eta_{\prime\prime}$, etc.

On aura les relations

$$\xi = \xi_\prime + \xi_{\prime\prime}, \quad \eta = \eta_\prime + \eta_{\prime\prime}, \quad \zeta = \zeta_\prime + \zeta_{\prime\prime},$$
$$\alpha = \alpha_\prime + \alpha_{\prime\prime}, \quad \beta = \beta_\prime + \beta_{\prime\prime}, \quad \gamma = \gamma_\prime + \gamma_{\prime\prime},$$

d'où résulte, pour les composantes des vitesses,

$$\xi' = \xi'_\prime + \xi'_{\prime\prime}, \quad \eta' = \eta'_\prime + \eta'_{\prime\prime} \quad \zeta' = \zeta'_\prime + \zeta'_{\prime\prime},$$
$$\alpha' = \alpha'_\prime + \alpha'_{\prime\prime}, \quad \beta' = \beta'_\prime + \beta'_{\prime\prime} \quad \gamma' = \gamma'_\prime + \gamma'_{\prime\prime}.$$

D'après cela, l'expression de T devient

$$2T = \Sigma m (\xi'^2_\prime + \eta'^2_\prime + \zeta'^2_\prime) + 2 \xi'_{\prime\prime} \Sigma m \xi'_\prime + 2 \eta'_{\prime\prime} \Sigma m \eta'_\prime + 2 \zeta'_\prime \Sigma m \zeta'_{\prime\prime}$$
$$+ (\xi'^2_{\prime\prime} + \eta''^2_{\prime\prime} + \zeta'^2_{\prime\prime}) \Sigma m.$$

Si l'on suppose que l'origine mobile soit le centre de gravité du système, alors

$$\Sigma m\xi'_{,} = 0, \quad \Sigma m\eta'_{,} = 0, \quad \Sigma m\zeta'_{,} = 0,$$

et si l'on pose

$$T_{,} = \frac{1}{2}\Sigma m(\xi'^{2}_{,} + \eta'^{2}_{,} + \zeta'^{2}_{,}),$$

$$T_{,,} = \frac{1}{2}(\xi'^{2}_{,,} + \eta'^{2}_{,,} + \zeta'^{2}_{,,})\Sigma m,$$

la demi-force vive du système

$$T = T_{,} + T_{,,},$$

se trouvera partagée en deux parties indépendantes, se rapportant l'une au mouvement relatif des points du système, l'autre au mouvement absolu de son centre de gravité.

La fonction S se partagera de même en deux parties indépendantes. En posant

$$S_{,} = \int (T_{,} + U)dt,$$

$$S_{,,} = \int T_{,,}\,dt,$$

on aura

$$S = S_{,} + S_{,,}.$$

Si nous considérons un système libre, la quantité $T_{,,}$ sera constante. En représentant par $H_{,,}$ sa valeur, et posant

$$H = H_{,} + H_{,,},$$

l'équation (3) des forces vives se partage en deux autres

$$T_{,} = U + H_{,},$$

$$T_{,,} = H_{,,}.$$

La valeur de $S_{,,}$ peut s'écrire

$$S_{,,} = H_{,,}\,t + \text{const.},$$

ou, si l'on exprime $H_{,,}$ en $\xi_{,,}, \eta_{,,}, \zeta_{,,}, \alpha_{,,}, \beta_{,,}, \gamma_{,,}, t$,

$$S_{,,} = \frac{\Sigma m}{2t}[(\xi_{,,} - \alpha_{,,})^2 + (\eta_{,,} - \beta_{,,})^2 + (\zeta_{,,} - \gamma_{,,})^2] + \text{const.}$$

On tire de là, en remarquant que l'on a

$$\xi'_{,,} = \alpha'_{,,}, \quad \eta'_{,,} = \beta'_{,,}, \quad \zeta'_{,,} = \gamma'_{,,},$$

et

$$t = \frac{\xi_{\prime\prime} - \alpha_{\prime\prime}}{\xi'_{\prime\prime}} = \frac{\eta_{\prime\prime} - \beta_{\prime\prime}}{\eta'_{\prime\prime}} = \frac{\zeta_{\prime\prime} - \gamma_{\prime\prime}}{\zeta'_{\prime\prime}},$$

$$\delta S_{\prime\prime} = (\xi'_{\prime\prime}\,\delta\xi_{\prime\prime} + \eta'_{\prime\prime}\,\delta\eta_{\prime\prime} + \zeta'_{\prime\prime}\,\delta\zeta_{\prime\prime})\,\Sigma m - (\alpha'_{\prime\prime}\,\delta\alpha_{\prime\prime} + \beta'_{\prime\prime}\,\delta\beta_{\prime\prime} + \gamma'_{\prime\prime}\,\delta\gamma_{\prime\prime})\,\Sigma m - H_{\prime\prime}\,\delta t.$$

Mais on a (§ X), en substituant dans la valeur générale de δS les nouvelles valeurs des coordonnées, et supprimant les termes qui s'annulent par la propriété du centre de gravité,

$$\begin{aligned}\delta S = {} & \Sigma m(\xi'_{\prime}\,\delta\xi_{\prime} + \eta'_{\prime}\,\delta\eta_{\prime} + \zeta'_{\prime}\,\delta\zeta_{\prime}) - \Sigma m(\alpha'_{\prime}\,\delta\alpha_{\prime} + \beta'_{\prime}\,\delta\beta_{\prime} + \gamma'_{\prime}\,\delta\gamma_{\prime}) - H_{\prime}\,\delta t \\ & + (\xi'_{\prime\prime}\,\delta\xi_{\prime\prime} + \eta'_{\prime\prime}\,\delta\eta_{\prime\prime} + \zeta'_{\prime\prime}\,\delta\zeta_{\prime\prime})\,\Sigma m - (\alpha'_{\prime\prime}\,\delta\alpha_{\prime\prime} + \beta'_{\prime\prime}\,\delta\beta_{\prime\prime} + \gamma'_{\prime\prime}\,\delta\gamma_{\prime\prime})\,\Sigma m - H_{\prime\prime}\,\delta t \\ & + \lambda^{(1)}\Sigma m\,\delta\xi_{\prime} + \lambda^{(2)}\Sigma m\,\delta\eta_{\prime} + \lambda^{(3)} m\,\delta\zeta_{\prime} \\ & + \Lambda^{(1)}\Sigma m\,\delta\alpha_{\prime} + \Lambda^{(2)}\Sigma m\,\delta\beta_{\prime} + \Lambda^{(3)}\Sigma m\,\delta\gamma_{\prime}.\end{aligned}$$

Retranchant de là la valeur de $\delta S_{\prime\prime}$, la seconde ligne disparaît, et l'on a

$$\begin{aligned}\delta S_{\prime} = {} & \Sigma m(\xi'_{\prime}\,\delta\xi_{\prime} + \ldots) - \Sigma m(\alpha'_{\prime}\,\delta\alpha_{\prime} + \ldots) - H_{\prime}\,\delta t \\ & + \lambda^{(1)}\Sigma m\,\delta\xi_{\prime} + \ldots + \Lambda^{(1)}\Sigma m\,\delta\alpha_{\prime} + \ldots,\end{aligned}$$

équation qui se décompose en $3n+1$ autres,

$$(68)\qquad \left\{\begin{aligned} \frac{\delta S_{\prime}}{\delta\xi_{\prime i}} &= m_i\xi'_{\prime i} + \lambda^{(1)} m_i, \\ \frac{\delta S_{\prime}}{\delta\eta_{\prime i}} &= m_i\eta'_{\prime i} + \lambda^{(2)} m_i, \\ \frac{\delta S_{\prime}}{\delta\zeta_{\prime i}} &= m_i\zeta'_{\prime i} + \lambda^{(3)} m_i,\end{aligned}\right.$$

$$(69)\qquad \left\{\begin{aligned} \frac{\delta S_{\prime}}{\delta\alpha_{\prime i}} &= -m_i\alpha'_{\prime i} + \Lambda^{(1)} m_i, \\ \frac{\delta S_{\prime}}{\delta\beta_{\prime i}} &= -m_i\beta'_{\prime i} + \Lambda^{(2)} m_i, \\ \frac{\delta S}{\delta\gamma_{\prime i}} &= -m_i\gamma'_{\prime i} + \Lambda^{(3)} m_i,\end{aligned}\right.$$

$$(70)\qquad \frac{\delta S_{\prime}}{\delta t} = -H_{\prime},$$

qui contiennent les équations intégrales, premières et finales du mouvement relatif.

Il est facile d'éliminer les six multiplicateurs $\lambda^{(1)}$, $\lambda^{(2)}$, etc. En effet, en ajoutant ensemble les équations (68), qui répondent aux diverses valeurs de l'indice i, et ayant égard aux propriétés du centre de gravité, il vient

$$\lambda^{(1)} = \frac{1}{\Sigma m}\Sigma\frac{\delta S_{,}}{\delta \xi_{,}},\qquad \lambda^{(2)} = \frac{1}{\Sigma m}\Sigma\frac{\delta S_{,}}{\delta \eta_{,}},\qquad \lambda^{(3)} = \frac{1}{\Sigma m}\Sigma\frac{\delta S_{,}}{\delta \zeta_{,}};$$

on trouverait de même

$$\Lambda^{(1)} = \frac{1}{\Sigma m}\Sigma\frac{\delta S_{,}}{\delta \alpha_{,}},\quad \Lambda^{(2)} = \frac{1}{\Sigma m}\Sigma\frac{\delta S_{,}}{\delta 6_{,}},\quad \Lambda^{(3)} = \frac{1}{\Sigma m}\Sigma\frac{\delta S_{,}}{\delta \gamma_{,}}.$$

La quantité $S_{,}$ peut être exprimée de plusieurs manières au moyen des coordonnées $\xi_{,}$, $\eta_{,}$, $\zeta_{,}$, $\alpha_{,}$, $6_{,}$, $\gamma_{,}$ qui ne sont pas réduites au plus petit nombre possible, et de là diverses déterminations des multiplicateurs $\lambda^{(1)}$, $\lambda^{(2)}$, etc.

Pour donner des exemples de la détermination de ces multiplicateurs, soient d'abord x_i, y_i, z_i les coordonnées des $n-1$ premiers points m_i par rapport au $n^{ième}$, m_n, pris pour origine, et a_i, b_i, c_i leurs valeurs initiales, de sorte qu'on ait

(71) $$\xi_{,i} - \xi_{,n} = x_i,\quad \eta_{,i} - \eta_{,n} = y_i,\quad \zeta_{,i} - \zeta_{,n} = z_i,$$

(72) $$\alpha_{,i} - \alpha_{,n} = a_i,\quad 6_{,i} - 6_{,n} = b_i,\quad \gamma_{,i} - \gamma_{,n} = c_i,$$

d'où résulte

$$x_n = y_n = z_n = a_n = \ldots = 0.$$

Les propriétés du centre de gravité donnent

$$\Sigma m(\xi_{,n} + x) = 0,\quad \text{d'où}\quad \xi_{,n} = -\frac{\Sigma mx}{\Sigma m},$$

avec des relations pareilles pour les autres coordonnées. On en tire

(73) $$\xi_{,i} = x_i - \frac{\Sigma mx}{\Sigma m}, \ldots,\qquad \alpha_{,i} = a_i - \frac{\Sigma ma}{\Sigma m}, \ldots.$$

Ces relations expriment les $3n$ coordonnées $\xi_{,i}$, $\eta_{,i}$, $\zeta_{,i}$ au moyen des $3n-3$ quantités x_i, y_i, z_i, et de même pour les coordonnées initiales. On peut donc supposer $S_{,}$ exprimée en fonction de

$$x_i,\quad y_i,\quad z_i,\quad a_i,\quad b_i,\quad c_i,$$

et remettre ensuite, à la place de ces quantités, leurs valeurs

(74) $$\xi_{,i} - \xi_{,n},\quad \eta_{,i} - \eta_{,n},\quad \zeta_{,i} - \zeta_{,n},\quad \alpha_{,i} - \alpha_{,n},\quad 6_{,i} - 6_{,n},\quad \gamma_{,i} - \gamma_{,n}.$$

On a alors

$$\frac{\delta S_{,}}{\delta \xi_{,1}} = D_{x_1} S_{,},\quad \frac{\delta S_{,}}{\delta \xi_{,2}} = D_{x_2} S_{,}, \ldots,\quad \frac{\delta S_{,}}{\delta \xi_{,n}} = -\Sigma D_x S_{,},$$

d'où résulte

$$\Sigma \frac{\delta S}{\delta \xi_{,}} = 0.$$

Donc, dans ce cas, le multiplicateur $\lambda^{(1)}$ est nul, et il en est de même des autres multiplicateurs $\lambda^{(2)}$, $\lambda^{(3)}$, $\Lambda^{(1)}$, etc. Donc, si, parmi le nombre infini de manières d'exprimer $S_{,}$ au moyen des quantités $\xi_{,i}$, $\eta_{,i}$, $\zeta_{,i}$, $\alpha_{,i}$, $\beta_{,i}$, $\gamma_{,i}$, liées entre elles par les équations de condition qui expriment que l'origine est le centre de gravité, on choisit celle où il n'entre que les différences (74) de ces coordonnées, les équations intégrales du mouvement relatif, bien que contenant des coordonnées superflues, auront la même forme que si elles ne renfermaient que des variables indépendantes.

Si, au lieu de faire la transformation précédente, on élimine $\xi_{,n}$, $e_{,n}$, $\zeta_{,n}$, $\alpha_{,n}$, $\beta_{,n}$, $\gamma_{,n}$ au moyen des équations de condition, on aura alors

$$\frac{\delta S_{,}}{\delta \xi_{,n}} = 0, \ldots, \quad \frac{\delta S_{,}}{\delta \alpha_{,n}} = 0, \ldots.$$

En faisant $i = n$ dans les équations (68), (69), on a par conséquent

$$\lambda^{(1)} = -\xi'_{,n}, \quad \lambda^{(2)} = -\eta'_{,n}, \quad \lambda^{(3)} = -\zeta'_{,n},$$

$$\Lambda^{(1)} = \alpha'_{,n}, \quad \Lambda^{(2)} = \beta'_{,n}, \quad \Lambda^{(3)} = \gamma'_{,n},$$

et, par suite, les équations intégrales prennent la forme

$$\frac{\delta S_{,}}{\delta \xi_{,i}} = m_i x'_i, \quad \frac{\delta S_{,}}{\delta \eta_{,i}} = m_i y_i, \quad \frac{\delta S_{,}}{\delta \zeta_{,i}} = m_i z_i,$$

$$\frac{\delta S_{,}}{\delta \alpha_{,i}} = -m_i a'_i, \quad \frac{\delta S_{,}}{\delta \beta_{,i}} = -m_i b'_i, \quad \frac{\delta S_{,}}{\delta \gamma_{,i}} = -m_i c'_i.$$

Au lieu des coordonnées rectangles, on aurait pu, comme dans le mouvement absolu, prendre des coordonnées quelconques. Supposons qu'on ait exprimé $\xi_{,i}$, $\eta_{,i}$, $\zeta_{,i}$ au moyen de $u_{,1}, u_{,2}, \ldots, u_{,\nu}$: il en résultera entre ces dernières quantités des équations de condition

$$\varphi_{,1} = 0, \quad \varphi_{,2} = 0, \ldots,$$

et de même pour les valeurs initiales. On a

$$\xi_{,i} = \Sigma D_{u_{,}} \xi_{,i} \cdot u'_{,}, \ldots, \quad \delta \xi_{,i} = \Sigma D_{u_{,}} \xi_{,i} \cdot \delta u_{,}, \ldots$$

Donc

$$(75)\quad \begin{cases} \Sigma m \xi'_{,} \delta\xi_{,} = \Sigma m\, (D_{u_{,1}} \xi_{,} . u'_{,1} + D_{u_{,2}} \xi_{,} . u'_{,2} + \ldots) \\ \qquad \times (D_{u_{,1}} \xi_{,} . \delta u_{,1} + D_{u_{,2}} \xi_{,} . \delta u_{,2} + \ldots) \\ \qquad = \Sigma m \left[(D_{u_{,1}} \xi_{,})^2 . u'_{,1} \delta u_{,1} + (D_{u_{,2}} \xi_{,})^2 . u'_{,2} \delta u_{,2} + \ldots \right] \\ \qquad + \Sigma m \left[D_{u_{,1}} \xi_{,} . D_{u_{,2}} \xi_{,} . (u'_{,1} \delta u_{,2} + u'_{,2} \delta u_{,1}) + \ldots \right], \end{cases}$$

$$T_{,} = \frac{1}{2} \Sigma m (\xi'^2_{,} + \ldots) = \frac{1}{2} \Sigma \left[(D_{u_{,1}} \xi_{,})^2 . u'^2_{,} + (D_{u_{,2}} \xi_{,})^2 . u'^2_{,2} + \ldots \right]$$
$$+ \Sigma m \left[(D_{u_{,1}} \xi_{,} . D_{u_{,2}} \xi_{,} + \ldots) u'_{,1} u'_{,2} + \ldots \right].$$

On tire de là

$$\frac{\delta T_{,}}{\delta u'_{,i}} = \Sigma m \left[(D_{u'_{,i}} \xi_{,})^2 + \ldots \right] . u'_{,i} + \Sigma \left[m (D_{u_{,i}} \xi_{,} + \ldots) \Sigma_k (D_{u_{,k}} \xi_{,} + \ldots) . u'_{,k} \right].$$

Comparant cette expression avec la relation (75) et avec les relations analogues, on en tire

$$\Sigma m (\xi'_{,} \delta\xi_{,} + \eta'_{,} \delta\eta_{,} + \zeta'_{,} \delta\zeta_{,}) = \Sigma \frac{\delta T_{,}}{\delta u'_{,}} \delta u_{,},$$

et de même pour les valeurs initiales. Donc

$$\delta S_{,} = \Sigma \frac{\delta T_{,}}{\delta u'_{,}} \delta u_{,} - \Sigma \frac{\delta T_{,0}}{\delta e'_{,}} \delta e_{,} - H_{,} \delta t + \Sigma \lambda_{,} \delta\varphi_{,} + \Sigma \Lambda_{,} \delta\Phi_{,},$$

d'où l'on tire les équations intégrales du mouvement relatif.

Si, au lieu des valeurs initiales des coordonnées relatives et de leurs dérivées, on avait pris des constantes quelconques $\alpha_{,1}, \alpha_{,2}, \ldots, (\alpha'_{,1}), (\alpha'_{,2}), \ldots,$ on aurait écrit, dans l'équation précédente, $\Sigma(\alpha'_{,}) \delta\alpha$, au lieu de $-\Sigma \frac{\delta T_{,0}}{\delta e'_{,}} \delta e_{,}$. Cette transformation donne lieu aux mêmes remarques que la tranformation analogue pour le mouvement absolu.

§ XIII.

Au lieu des coordonnées relatives au centre de gravité, introduisons les coordonnées relatives à l'un des points m_n du système. Soient

$$\xi_i - \xi_n = x_i, \quad \eta_i - \eta_n = y_i, \quad \zeta_i - \zeta_n = z_i.$$

Ces valeurs sont les mêmes que les valeurs (71). Substituant dans l'expression

$$T_{,} = \frac{1}{2} \Sigma m (\xi'^2_{,} + \eta'^2_{,} + \zeta'^2_{,})$$

les valeurs (73) différentiées, il en résulte, en désignant par $\Sigma_{,}$ une sommation excluant l'indice n,

$$(76)\quad \left\{\begin{aligned} T_{,} &= \frac{1}{2}\Sigma_{,} m\,(x'^2 + y'^2 + z'^2) \\ &\quad - \frac{1}{2\,\Sigma m}\left[(\Sigma_{,} mx')^2 + (\Sigma_{,} my')^2 + (\Sigma_{,} mz')^2\right]. \end{aligned}\right.$$

On peut encore donner à cette valeur une autre forme, en remarquant que

$$\frac{1}{2}\Sigma_{,} mx'^2 - \frac{1}{2\,\Sigma m}\cdot(\Sigma_{,} mx'^2)$$

$$= \frac{1}{2\,\Sigma m}\left[\begin{aligned} &(m_1 + m_2 + \ldots + m_n)(m_1 x_1'^2 + m_2 x_2'^2 + \ldots) \\ &- (m_1^2 x_1'^2 + m_2^2 x_2'^2 + 2 m_1 m_2 x_1' x_2') - \ldots \end{aligned}\right]$$

$$= \frac{1}{2\,\Sigma m}\left[m_1 m_2 (x_1'^2 + x_2'^2 - 2 x_1' x_2') + \ldots + m_n (m_1 x_1'^2 + m_2 x_2'^2 + \ldots)\right],$$

d'où

$$(77)\quad \left\{\begin{aligned} T_{,} &= \frac{m_n}{2\,\Sigma m}\Sigma_{,} m(x'^2 + y'^2 + z'^2) \\ &\quad + \frac{1}{2\,\Sigma m}\Sigma_{,} m_i m_k\left[(x_i' - x_k')^2 + (y_i' - y_k')^2 + (z_i' - z_k')^2\right]. \end{aligned}\right.$$

Si l'on désigne maintenant par $p_1, p_2, \ldots, p_{n-1}$ les dérivées partielles de $T_{,}$ par rapport aux quantités $x_1', x_2', \ldots, x_{n-1}'$, on a, par l'équation (76),

$$(78)\quad p_i = m_i\left(x_i' - \frac{\Sigma_{,} mx'}{\Sigma m}\right).$$

En ajoutant toutes les équations semblables, il vient

$$\Sigma_{,} p = \Sigma_{,} mx' - \frac{\Sigma_{,} m}{\Sigma m}\cdot\Sigma_{,} mx',$$

d'où l'on tire

$$(79)\quad \frac{\Sigma_{,} mx'}{\Sigma m} = \frac{\Sigma_{,} p}{m_n},$$

et par conséquent l'équation (78) donne

$$(80)\quad x_i' = \frac{p_i}{m_i} + \frac{\Sigma_{,} p}{m_n}.$$

Substituant cette valeur et leurs analogues dans la relation

$$2\,T_{,} = \Sigma(x'.D_{x'}T_{,} + y'.D_{y'}T_{,} + z'.D_{z'}T_{,}),$$

ou encore, substituant directement les valeurs (79) et (80) dans l'expression (76), il vient

$$(81)\quad \begin{cases} T_{,} = \Sigma_{,} \frac{1}{2m} [(D_{x'} T_{,})^2 + (D_{y'} T_{,})^2 + (D_{z'} T_{,})^2] \\ \quad + \frac{1}{2m_n} [(\Sigma_{,} D_{x'} T_{,})^2 + (\Sigma_{,} D_{y'} T_{,})^2 + (\Sigma_{,} D_{z'} T_{,})^2], \end{cases}$$

ou, ce qui revient au même,

$$(82)\quad \begin{cases} T_{,} = \frac{1}{2} \Sigma_{,} \left(\frac{1}{m} + \frac{1}{m_n}\right) [(D_{x'} T_{,})^2 + (D_{y'} T_{,})^2 + (D_{z'} T_{,})^2] \\ \quad + \frac{1}{m_n} \Sigma_{,} (D_{x'_i} T_{,} . D_{x'_k} T_{,} + D_{y'_i} T_{,} . D_{y'_k} T_{,} + D_{z'_i} T_{,} . D_{z'_k} T_{,}). \end{cases}$$

Les variables étant indépendantes, les équations intégrales, premières et finales, des mouvements seront de la forme

$$D_{x_i} S_{,} = D_{x'_i} T_{,} = m_i \left(x'_i - \frac{\Sigma' m x'}{\Sigma m} \right), \ldots,$$

$$D_{a_i} S_{,} = - D_{a'_i} T_{,0} = - m_i \left(a'_i - \frac{\Sigma' m a'}{\Sigma m} \right), \ldots$$

Enfin, des expressions (81), (82) de $T_{,}$, il résulte que l'équation aux dérivées partielles de la fonction principale $S_{,}$ du mouvement relatif peut s'écrire sous l'une ou sous l'autre de ces deux formes :

$$(83)\quad \begin{cases} D_t S_{,} + \Sigma_{,} \frac{1}{2m} [(D_x S_{,})^2 + (D_y S_{,})^2 + (D_z S_{,})^2] \\ \quad + \frac{1}{2m_n} [(\Sigma_{,} D_x S_{,})^2 + (\Sigma_{,} D_y S_{,})^2 + \Sigma_{,} D_z S_{,})^2] = U, \end{cases}$$

$$(84)\quad \begin{cases} D_t S_{,} + \frac{1}{2} \Sigma_{,} \left(\frac{1}{m} + \frac{1}{m_n}\right) [(D_x S_{,})^2 + (D_y S_{,})^2 + (D_z S_{,})^2] \\ \quad + \frac{1}{m_n} \Sigma_{,} (D_{x_i} S_{,} . D_{x_k} S_{,} + D_{y_i} S_{,} . D_{y_k} S_{,} + D_{z_i} S_{,} . D_{z_k} S_{,}) = U. \end{cases}$$

La réciproque de cette proposition se démontrerait comme dans le mouvement absolu, à cause de l'indépendance du mouvement relatif et du mouvement du centre de gravité. D'abord les équations différentielles du mouvement relatif se déduisent de la fonction $T_{,}$ comme celles du mouvement absolu se déduisent de la fonction T. En effet, T est partagé en deux parties dont l'une ne contient que les coordonnées relatives, indépendantes de la position du centre de gravité, tandis que l'autre ne contient que les coordonnées de ce centre. En désignant ces dernières par v_1, v_2, v_3, et représentant par $u_1, u_2, \ldots, u_{3n-3}$ les coordonnées des $n-1$ premiers points par rapport au $n^{ième}$, pris pour origine, on a

$$D_v T = D_v T_{,,}, \quad D_{v'} T = D_{v'} T_{,,}, \quad D_v U = 0,$$
$$D_u T = D_u T_{,}, \quad D_{u'} T = D_{u'} T_{,},$$

et, par suite, les équations (36) se partagent en deux groupes indépendants

$$(85) \qquad \frac{1}{dt} d . D_{v'_1} T_{,,} - D_{v_1} T_{,,} = 0, \ \ldots,$$

$$(86) \qquad \frac{1}{dt} d . D_{u'_1} T_{,} - D_{u_1} T_{,} = D_{u_1} U, \ \ldots \ [*].$$

Les équations (86) sont identiquement de même forme que celles du mouvement absolu. On démontrera donc, par des calculs identiques à ceux du § VIII, qu'une solution complète de l'équation aux dérivées partielles (83) ou (84), ou de l'équation plus générale

$$D_t S_{,} + F_{,} (D_{u_1} S_{,}, \ldots, D_{u_{3n-3}} S_{,}, u_1, \ldots, u_{3n-3}) = U(u_1, u_2, \ldots, u_{3n-3}),$$

renfermant $3n-3$ constantes arbitraires, plus la constante ajoutée à $S_{,}$, donne les intégrales premières et finales des équations (86) sous une forme pareille à celle que l'on rencontre dans le mouvement absolu,

$$D_u S_{,} = D_{u'} T_{,}, \quad D_\alpha S_{,} = \alpha'.$$

Ainsi nous pourrons désormais supprimer les accents inférieurs et traiter les questions de mouvement relatif d'un système libre par les mêmes formules que les questions de mouvement absolu.

§ XIV.

Si l'on veut employer à la détermination des fonctions V, S, Q les équations aux dérivées partielles auxquelles elles satisfont, il est facile de voir que l'on sera ainsi ramené à l'intégration des équations différentielles du mouvement.

---

[*] En coordonnées rectangles, ces équations deviennent

$$m\left(\frac{d^2x}{dt^2} - \frac{1}{\Sigma m} \Sigma_{,} m \frac{d^2x}{dt^2}\right) = D_x U, \ldots,$$

d'où l'on tire

$$\frac{d^2x}{dt^2} = \frac{1}{m} D_x U + \frac{1}{m_n} \Sigma_{,} D_x U, \ldots.$$

En effet, pour avoir la solution de l'équation aux dérivées partielles

$$F(D_{u_1}V,\ldots,D_{u_\nu}V,u_1,\ldots,u_\nu)=U+H,$$

en posant, pour abréger, $D_u V = p$, et remarquant que, par la propriété de la fonction F d'être homogène et du second degré, on a

$$\Sigma p F'(p) = 2F(p_1,\ldots,u_1,\ldots) = 2(U+H),$$

on devra intégrer d'abord les équations différentielles ordinaires

$$(87)\qquad \frac{dV}{2(U+H)} = \frac{du_1}{F'(p_1)} = \cdots = \frac{du_\nu}{F'(p_\nu)}$$
$$= \frac{dp_1}{-F'(u_1)+D_{u_1}U} = \cdots = \frac{dp_\nu}{-F(u_\nu)+D_{u_\nu}U};$$

comparant ces équations avec les équations du mouvement,

$$dt = \frac{du_1}{D_{p_1}H} = \cdots = \frac{du_\nu}{D_{p_\nu}H} = \frac{dp_1}{-D_{u_1}H} = \cdots = \frac{dp_\nu}{-D_{u_\nu}H},$$

on voit que les deux systèmes sont identiques, au changement près de dt en $\frac{dV}{2(U+H)}$, et que la difficulté d'intégration est absolument la même.

Si U contenait t explicitement, il faudrait, à la suite des égalités (87), écrire

$$= \frac{dH}{-U'(t)} = \frac{d.D_H V}{1},$$

ce qui n'empêcherait pas les deux systèmes de coïncider, sauf l'introduction de la nouvelle variable H, à cause de la relation $D_H V = t$.

On vérifierait aisément qu'il en est de même pour les fonctions S et Q.

Ainsi les fonctions V, S, Q ne pourraient servir à trouver directement les équations finies du mouvement qu'autant que l'on saurait intégrer, sans le secours des équations différentielles ordinaires, les équations aux dérivées partielles auxquelles ces fonctions satisfont.

§ XV.

Il est cependant des cas où les propriétés générales de ces fonctions permettent, un certain nombre d'intégrales des équations du mouvement étant connues, de trouver toutes les autres par des procédés généraux. Sans aborder la théorie générale développée par Jacobi, nous nous contenterons d'exposer le cas particulier qui se présente dans les applications au système du monde.

Supposons les équations du mouvement réduites à ne contenir que deux coordonnées indépendantes u_1, u_2, et soient

$$(88)\quad \left\{\begin{aligned} \frac{du_1}{dt} &= D_{p_1}H, & \frac{du_2}{dt} &= D_{p_2}H,\\ \frac{dp_1}{dt} &= -D_{u_1}H, & \frac{dp_2}{dt} &= -D_{u_2}H,\end{aligned}\right.$$

ces équations. Il suffit d'en connaître une seule intégrale, outre celle des forces vives, pour pouvoir déterminer la fonction V ou S par une quadrature, et par suite les deux autres intégrales par de simples différentiations.

D'abord on tire de ces équations, où l'on suppose U indépendant de t,

$$(89)\qquad H = \text{constante},$$

ce qui est l'intégrale des forces vives.

Soit ensuite

$$(90)\qquad K = \text{constante}$$

une autre intégrale, K étant une fonction de u_1, u_2, p_1, p_2, sans t : on en conclura, en remplaçant du_1, du_2, dp_1, dp_2 par les seconds membres des équations qui leur sont proportionnels,

$$(a)\ (H,K) = D_{p_1}H.D_{u_1}K - D_{u_1}H.D_{p_1}K + D_{p_2}H.D_{u_2}K - D_{u_2}H.D_{p_2}K = 0,$$

(H, K) étant une des fonctions alternées de Poisson [*].

Supposons maintenant p_1, p_2 exprimés, au moyen des équations (89) et (90), en fonction de u_1, u_2 : il est aisé de voir que $p_1du_1 + p_2du_2$ sera une différentielle exacte, c'est-à-dire qu'on aura

$$(91)\qquad D_{u_2}p_1 = D_{u_1}p_2.$$

En effet, en différentiant les équations (89) et (90) par rapport à u_1 et à u_2, on a

$$\begin{aligned} 0 &= D_{u_1}H + D_{p_1}H.D_{u_1}p_1 + D_{p_2}H.D_{u_1}p_2,\\ 0 &= D_{u_1}K + D_{p_1}K.D_{u_1}p_1 + D_{p_2}K.D_{u_1}p_2,\\ 0 &= D_{u_2}H + D_{p_1}H.D_{u_2}p_1 + D_{p_2}H.D_{u_2}p_2,\\ 0 &= D_{u_2}K + D_{p_1}K.D_{u_2}p_1 + D_{p_2}K.D_{u_2}p_2.\end{aligned}$$

[*] L'équation (a) subsiste, quel que soit le nombre des coordonnées u_1, u_2, ..., et quelle que soit l'intégrale (90). Si l'on suppose qu'on ait intégré toutes les équations, abstraction faite de dt, l'équation (a) aura lieu pour toutes les constantes introduites par ces intégra-

Éliminant $D_{u_1} p_1$ entre les deux premières équations, et $D_{u_2} p_2$ entre les deux dernières, et faisant la différence des résultats, on a

$$o = (H, K) + (D_{p_1} H . D_{p_2} K - D_{p_2} H . D_{p_1} K)(D_{u_1} p_2 - D_{u_2} p_1).$$

(H, K) étant nulle, il en résulte l'équation (91). Donc l'expression $p_1 du_1 + p_2 du_2$ est intégrable.

Maintenant l'intégrale

$$(92) \qquad V = \int (p_1 du_1 + p_2 du_2),$$

qui renferme la constante arbitraire K, outre la constante combinée par addition, est évidemment une solution complète de l'équation aux dérivées partielles

$$F(D_{u_1} V, D_{u_2} V, u_1, u_2) = U + H.$$

Donc c'est la fonction caractéristique correspondante au système proposé d'équations différentielles. Donc, d'après le § III,

$$D_K V = \text{const.}, \qquad D_H V = t - \tau,$$

seront les deux intégrales qui restaient à trouver.

C'est ce qu'il est aisé de vérifier, en remarquant que, d'après l'équation (92),

$$\begin{aligned} d.D_K V &= D_K p_1 . du_1 + D_K p_2 . du_2 \\ &= (D_K p_1 . D_{p_1} H + D_K p_2 . D_{p_2} H) dt = D_K H dt = o, \\ d.D_H V &= D_H p_1 . du_1 + D_H p_2 . du_2 \\ &= (D_H p_1 . D_{p_1} H + D_H p_2 . D_{p_2} H) dt = D_H H dt = dt. \end{aligned}$$

Connaissant la fonction V, on en déduira immédiatement la fonction $S = V - Ht$.

Il est aisé de voir l'usage que l'on peut faire de ce théorème. Les problèmes de mécanique dont nous nous occuperons spécialement conduisent à des équations différentielles contenant trois variables indépendantes u_1, u_2, u_3, avec les quantités p correspondantes. Dans ces problèmes, on peut, au moyen du principe des aires, trouver trois intégrales. Nous pouvons maintenant considérer deux de ces intégrales comme des équations de condition,

tions. La valeur de t est donnée à la fin par une quadrature, et la constante arbitraire τ qui accompagne le temps est la seule pour laquelle l'équation (a) n'ait pas lieu ; celle-ci se change en $(H, \tau) = 1$, d'où l'on conclut immédiatement la perturbation de l'élément H.

qui permettront de diminuer de deux unités le nombre des variables u et p. En prenant donc de nouvelles variables qui, par leur définition, satisfassent aux conditions géométriques exprimées par ces deux intégrales, les équations du mouvement se trouveront ramenées à la forme (88). La troisième équation des aires formera l'intégrale (90), et la solution complète du problème, ainsi que la détermination de la fonction S et les conséquences qui en dépendent, se déduiront ainsi des seuls principes généraux de la mécanique, sans qu'on soit obligé d'avoir recours à aucune méthode d'intégration particulière des équations différentielles du mouvement.

DEUXIÈME SECTION.

APPLICATION DE LA THÉORIE PRÉCÉDENTE A DES EXEMPLES PARTICULIERS.

§ XVI.

Appliquons les principes précédents à l'étude du mouvement relatif dans un système de deux points soumis à leur attraction mutuelle.

Soient m, M ces deux points. Rapportons le mouvement de m à un plan de direction constante mené par le point M. Soit r la distance des deux points; $\mathrm{M}mf(r)$ la fonction de cette distance dont la dérivée, prise négativement, exprime l'intensité de l'attraction; x, y, z les coordonnées de m relatives à l'origine M. D'après la formule (76), on a, pour la demi-force vive relative,

$$\mathrm{T} = \frac{1}{2} m\,(x'^2 + y'^2 + z'^2) - \frac{1}{2(\mathrm{M}+m)}\left[(mx')^2 + (my')^2 + (mz')^2\right],$$

ou, en posant, pour abréger,

$$\frac{\mathrm{M}m}{\mathrm{M}+m} = \mathfrak{M},$$

$$\mathrm{T} = \frac{1}{2}\mathfrak{M}\,(x'^2 + y'^2 + z'^2),$$

formule qui est la même que dans le mouvement absolu, au changement près de m en $\mathfrak{M}$.

Au lieu des coordonnées rectangles, employons, pour plus de commodité, les coordonnées polaires et posons

$$x = r\cos\lambda\cos\mathrm{L},\quad y = r\cos\lambda\sin\mathrm{L},\quad z = r\sin\lambda,$$

λ étant la latitude et L la longitude du point m. L'expression de T deviendra

$$T = \frac{1}{2}\mathfrak{M}[r'^2 + r^2(L'^2\cos^2\lambda + \lambda'^2)],$$

et, par suite, en introduisant les dérivées

$$D_{r'}T = u, \quad D_{L'}T = v, \quad D_{\lambda'}T = w,$$

(93) $$H = \frac{1}{2\mathfrak{M}}\left[u^2 + \frac{v^2}{r^2\cos^2\lambda} + \frac{w^2}{r^2}\right] - Mmf(r).$$

Les équations différentielles du mouvement sont donc

$$dt = \frac{\mathfrak{M}\,dr}{u} = \frac{\mathfrak{M}\,r^2\cos^2\lambda}{v}\,dL = \frac{\mathfrak{M}\,r^2\,d\lambda}{w} = \frac{du}{-D_rH} = \frac{dv}{0} = -\frac{2\mathfrak{M}\,r^2\,dw}{v^2.D_\lambda(\text{séc}^2\lambda)}.$$

On en tire d'abord $dv = 0$, d'où, en intégrant,

(94) $$v = \mathfrak{M}\iota,$$

ι étant une constante arbitraire.

Ensuite l'équation

$$\frac{d\lambda}{w} = -\frac{2\,dw}{v^2.D_\lambda(\text{séc}^2\lambda)}$$

donne, par l'intégration,

(95) $$w^2 = \mathfrak{M}^2\left(k^2 - \frac{\iota^2}{\cos^2\lambda}\right),$$

k^2 étant une nouvelle constante arbitraire.

En troisième lieu, de l'équation

$$\frac{\cos^2\lambda.dL}{v} = \frac{d\lambda}{w},$$

on tire, en faisant pour plus de simplicité $\frac{\iota}{k} = \cos\varphi$,

(96) $$\text{tang}\,\lambda = \text{tang}\,\varphi\sin(L - \theta),$$

θ étant une nouvelle arbitraire.

Il est aisé de voir que ces trois intégrales ne sont autre chose que celles qui résultent du principe des aires. La dernière exprime que le point m décrit, dans son mouvement relatif, une courbe plane, φ représentant l'inclinaison de son plan sur le plan fixe et θ la longitude du nœud ascendant.

La variable L, n'entrant que par sa différentielle dans les équations du mouvement, devra toujours être accompagnée, dans les équations intégrales, et, par suite, dans l'expression de la fonction principale S, de la constante $-\theta$; donc

$$D_L S = - D_\theta S.$$

Mais

$$D_L S = D_{L'} T = v = \mathfrak{M}\iota.$$

Donc on a

$$(97) \qquad D_\theta S = - \mathfrak{M}\iota,$$

équation qui représente une des intégrales finales du problème.

Puisque la courbe décrite par m est plane, prenons son plan pour plan fixe, ce qui permettra de diminuer d'une unité le nombre des variables indépendantes, et de réduire les équations du mouvement au cas considéré dans le § XV.

Soit ν la longitude dans l'orbite, comptée à partir du nœud ascendant : ν sera une fonction de L, λ et de la constante θ déterminée par la relation

$$\cos\nu = \cos\lambda \cos(L - \theta).$$

En remplaçant, dans l'expression de T, L par ν, λ par zéro, et désignant par ω la dérivée partielle $D_{\nu'} T$, il vient, au lieu de l'équation (93),

$$(98) \qquad H = \frac{1}{2\mathfrak{M}}\left(u^2 + \frac{\omega^2}{r^2}\right) - M m f(r),$$

et les équations du mouvement se réduisent à

$$dt = \frac{\mathfrak{M}\, dr}{u} = \frac{\mathfrak{M}\, r^2\, d\nu}{\omega} = \frac{du}{D_r\left[M m f(r) - \frac{\omega^2}{r^2}\right]} = \frac{d\omega}{0}.$$

On en tire immédiatement l'équation des aires

$$(99) \qquad \omega = \mathfrak{M} k,$$

k étant la même constante que dans l'intégrale (95), puisque $w = 0$, $v = \omega$, et $\iota = k$, pour $\lambda = 0$, ou $\varphi = 0$.

D'autre part, en faisant, pour abréger,

$$\rho^2 = 2(M + m)\left[f(r) + \frac{H}{Mm}\right] - \frac{k^2}{r^2},$$

l'intégrale des forces vives (98) donne

$$(100) \qquad u = \mathfrak{M}\rho.$$

Les intégrales (99) et (100) suffisent pour déterminer, au moyen du théorème de Jacobi, la fonction caractéristique et les deux autres intégrales. On en tire

$$V = \int (\mathrm{u}\,dr + \omega\,dv) = \mathfrak{M}\left(\int \rho\,dr + kv\right) + \text{const.},$$

et, par conséquent,

$$(101)\qquad S = \mathfrak{M}\left(\int \rho\,dr + kv\right) - Ht + \text{const.},$$

ou, en rétablissant les coordonnées primitives,

$$(102)\qquad S = \mathfrak{M}\left\{\int \rho\,dr + k.\operatorname{arc}\cos[\cos\lambda\cos(L-\theta)]\right\} - Ht + \text{const.}$$

La fonction S se trouve ainsi exprimée au moyen des coordonnées du temps et des trois constantes arbitraires θ, H, k.

On en tire, par différentiation, les deux intégrales qui restaient à trouver,

$$D_k S = \mathfrak{M}\left(v - \int \frac{k\,dr}{r^2\rho}\right) = \mathfrak{M}\varpi,$$

$$D_H S = \int \frac{dr}{\rho} - t = -\tau,$$

ϖ, τ étant deux nouvelles constantes arbitraires.

Les intégrales qui entrent dans ces formules peuvent être prises à partir d'une limite inférieure arbitraire. Nous prendrons pour cette limite r_0 celle des deux racines de l'équation

$$0 = \rho = \frac{dr}{dt}$$

qui répond à un minimum de r. Par ce moyen $D_k \int_{r_0}^{r} \rho\,dr$ se réduit à $\int_{r_0}^{r} D_k \rho\,dr$, comme nous l'avons supposé; car alors le terme $-\rho_0 . D_k r_0$ qui résulte de la variation de la limite inférieure r_0 s'évanouit. De même, $D_H \int_{r_0}^{r} \rho\,dr$ se réduit à $\int_{r_0}^{r} D_H \rho\,dr$. De plus, nous disposerons du double signe du radical représenté par ρ de façon que $\frac{dr}{\rho}$ soit toujours positif.

v représentant l'argument de la latitude, et $\int_{r_0}^{r} D_k \rho\,dr$ un angle qui s'évanouit au périhélie, la constante ϖ est la longitude du périhélie comptée à partir du nœud ascendant, et τ est l'époque du passage au périhélie.

En résumé, la fonction S étant déterminée par l'équation (101) ou (102), les intégrales finies des équations différentielles du mouvement seront

$$(103)\quad \begin{cases} D_\theta S = -\dfrac{\mathfrak{M} k \cos\lambda \sin(L-\theta)}{\sin\upsilon} = -\mathfrak{M} i = -\mathfrak{M} k \cos\varphi, \\ D_k S = \mathfrak{M}\left\{\operatorname{arc}\cos[\cos\lambda\cos(L-\theta)] - \displaystyle\int_{r_0}^{r} \frac{k\,dr}{r^2\rho}\right\} = \mathfrak{M}\varpi, \\ D_H S = \displaystyle\int_{r_0}^{r} \frac{dr}{\rho} - t = -\tau; \end{cases}$$

et les intégrales premières,

$$(104)\quad \begin{cases} D_r S = \mathfrak{M}\rho = \mathfrak{M}\dfrac{dr}{dt}, \\ D_L S = \dfrac{\mathfrak{M} k \cos\lambda \sin(L-\theta)}{\sin\upsilon} = \mathfrak{M} r^2 \cos^2\lambda \dfrac{dL}{dt}, \\ D_\lambda S = \dfrac{\mathfrak{M} k \sin\lambda \cos(L-\theta)}{\sin\upsilon} = \mathfrak{M} r^2 \dfrac{d\lambda}{dt}. \end{cases}$$

§ XVII.

Les mêmes principes nous conduiront à la solution d'un problème qui présente une grande analogie avec le précédent, du problème du mouvement d'un corps solide autour d'un point fixe, dans le cas où le corps n'est sollicité par aucune force extérieure.

Soient Ox, Oy, Oz trois axes rectangulaires fixes dans l'espace, et passant par le point O, autour duquel le corps doit tourner;

$O\xi$, $O\eta$, $O\zeta$ les trois axes principaux d'inertie du corps par rapport au point O;

A, B, C les moments d'inertie du corps par rapport à ces axes principaux

Nous déterminerons la position des axes mobiles par rapport aux axes fixes, à l'aide de trois angles ψ, φ, θ, dont voici la signification :

En appelant *nœud ascendant* du plan $\overline{\xi\eta}$ l'intersection de ce plan avec $\overline{xy}$, prise dans un sens tel, qu'un rayon tournant autour de l'origine suivant le plan $\overline{\xi\eta}$ et dans le sens direct (c'est-à-dire de $O\xi$ vers $O\eta$, ou d'occident en orient), traverserait en ce nœud le plan $\overline{xy}$, en passant du côté des z négatives au côté des z positives;

ψ sera la longitude de ce nœud ascendant, comptée à partir de Ox;

φ est la longitude de l'axe des ξ, comptée dans le plan $\overline{\xi\eta}$, en tournant, dans le sens direct, depuis le nœud ascendant jusqu'à cet axe;

θ est l'inclinaison du plan $\overline{\xi\eta}$, ou l'angle de l'axe des z positives avec l'axe des ζ positives.

En désignant par p, q, r les vitesses de rotation du corps autour des trois axes principaux, et par a, b, c, $a_{,}$, etc., les cosinus des angles que les axes mobiles forment avec les axes fixes, on a les formules connues [*]

$$p\,dt = c\,db + c_{,}\,db_{,} + c_{,,}\,db_{,,} = -(b\,dc + b_{,}\,dc_{,} + b_{,,}\,dc_{,,}),$$
$$q\,dt = a\,dc + a_{,}\,dc_{,} + a_{,,}\,dc_{,,} = -(c\,da + c_{,}\,da_{,} + c_{,,}\,da_{,,}),$$
$$r\,dt = b\,da + b_{,}\,da_{,} + b_{,,}\,da_{,,} = -(a\,db + a_{,}\,db_{,} + a_{,,}\,db_{,,}),$$

qui deviennent, lorsqu'on exprime les cosinus en fonction des angles ψ, φ, θ,

$$(105)\qquad \begin{cases} p\,dt = \sin\varphi\sin\theta\,d\psi + \cos\varphi\,d\theta,\\ q\,dt = \cos\varphi\sin\theta\,d\psi - \sin\varphi\,d\theta,\\ r\,dt = \qquad \cos\theta\,d\psi + d\varphi. \end{cases}$$

En différentiant les formules de transformation des coordonnées qui lient les coordonnées x, y, z, rapportées aux axes fixes, aux coordonnées ξ, η, ζ, rapportées aux axes mobiles, on a

$$dx = \xi\,da + \eta\,db + \zeta\,dc,$$
$$dy = \xi\,da_{,} + \eta\,db_{,} + \zeta\,dc_{,},$$
$$dz = \xi\,da_{,,} + \eta\,db_{,,} + \zeta\,dc_{,,}.$$

Projetant les valeurs de $\frac{dx}{dt}$, $\frac{dy}{dt}$, $\frac{dz}{dt}$ sur les axes mobiles, on a les vitesses $\dot\xi$, $\dot\eta$, $\dot\zeta$, estimées suivant les directions de ces axes, au moyen des formules

$$\dot\xi\,dt = a\,dx + a_{,}\,dy + a_{,,}\,dz = (q\zeta - r\eta)\,dt,$$
$$\dot\eta\,dt = b\,dx + b_{,}\,dy + b_{,,}\,dz = (r\xi - p\zeta)\,dt,$$
$$\dot\zeta\,dt = c\,dx + c_{,}\,dy + c_{,,}\,dz = (p\eta - q\xi)\,dt.$$

On en déduit

$$\mathrm{T} = \frac{1}{2}\int dm\,(\dot\xi^2 + \dot\eta^2 + \dot\zeta^2)$$
$$= \frac{1}{2}\int dm\left[(\eta^2+\zeta^2)p^2 + (\zeta^2+\xi^2)q^2 + (\xi^2+\eta^2)r^2 - 2qr\eta\zeta - 2rp\zeta\xi - 2pq\xi\eta\right],$$

[*] *Voyez* le *Traité de Mécanique* de M. Duhamel.

ou, à cause des relations

$$\int(\eta^2+\zeta^2)dm = \mathrm{A}, \quad \int(\zeta^2+\xi^2)dm = \mathrm{B}, \quad \int(\xi^2+\eta^2)dm = \mathrm{C},$$

$$0 = \int\eta\zeta\, dm = \int\zeta\xi\, dm = \int\xi\eta\, dm,$$

$$(106) \qquad \mathrm{T} = \tfrac{1}{2}(\mathrm{A}p^2 + \mathrm{B}q^2 + \mathrm{C}r^2).$$

En ayant égard aux valeurs (105) de p, q, r, on trouve, pour les dérivées partielles de T,

$$u = \mathrm{D}_{\psi'}\mathrm{T} = \mathrm{A}p\sin\theta\sin\varphi + \mathrm{B}q\sin\theta\cos\varphi + \mathrm{C}r\cos\theta,$$

$$v = \mathrm{D}_{\varphi'}\mathrm{T} = \mathrm{C}r,$$

$$w = \mathrm{D}_{\theta'}\mathrm{T} = \mathrm{A}p\cos\varphi - \mathrm{B}q\sin\varphi.$$

Ces équations donnent p, q, r en u, v, w. On en tire d'abord

$$\mathrm{A}p\sin\varphi + \mathrm{B}q\cos\varphi = \frac{u - v\cos\theta}{\sin\theta}, \qquad \mathrm{A}p\cos\varphi - \mathrm{B}q\sin\varphi = w,$$

d'où enfin

$$\mathrm{A}p = w\cos\varphi + (u - v\cos\theta)\frac{\sin\varphi}{\sin\theta},$$

$$\mathrm{B}q = -w\sin\varphi + (u - v\cos\theta)\frac{\cos\varphi}{\sin\theta},$$

$$\mathrm{C}r = v.$$

Substituant ces valeurs dans l'équation (106), et faisant, pour abréger,

$$(107) \qquad \left\{\begin{aligned} &\frac{\cos^2\varphi}{\mathrm{A}} + \frac{\sin^2\varphi}{\mathrm{B}} = \mathrm{M},\\ &\frac{\sin^2\varphi}{\mathrm{A}} + \frac{\cos^2\varphi}{\mathrm{B}} = \mathrm{N},\\ &2\left(\frac{1}{\mathrm{A}} - \frac{1}{\mathrm{B}}\right)\sin\varphi\cos\varphi = \frac{d\mathrm{N}}{d\varphi} = \mathrm{N}',\end{aligned}\right.$$

il vient

$$\mathrm{T} = \frac{1}{2}\left[\mathrm{M}w^2 + \mathrm{N}'w\,.\,\frac{u - v\cos\theta}{\sin\theta} + \mathrm{N}u\,.\,\frac{u - 2v\cos\theta}{\sin^2\theta} + \left(\frac{\mathrm{N}}{\sin^2\theta} + \frac{1}{\mathrm{C}}\right)v^2\right].$$

On a d'ailleurs

$$\mathrm{H} = \mathrm{T}.$$

On pourrait donc tirer de là les équations différentielles du mouvement. Mais nous ne nous occuperons pas de ces équations sous leur forme actuelle, qui serait trop compliquée.

Remarquons seulement que, à cause de $D_\psi H = 0$, on a

(108) $$du = 0, \quad \text{d'où} \quad u = D_{\psi'} T = \iota,$$

ι étant une constante arbitraire, ou, en mettant pour u sa valeur,

(109) $$A p \sin\theta \sin\varphi + B q \sin\theta \cos\varphi + C r \cos\theta + \iota.$$

Cette intégrale n'est autre chose qu'une des trois équations des aires.

En vertu du principe des aires, les moments des quantités de mouvement par rapport aux axes fixes sont constants, et le couple résultant est constant en grandeur et en direction. Soit k le moment de ce couple, et représentons par

$$\sin\gamma \sin\alpha, \quad -\sin\gamma \cos\alpha, \quad \cos\gamma,$$

les cosinus des angles que fait l'axe de ce couple avec les trois axes fixes; k, α, γ seront trois des constantes arbitraires de l'intégration, et la constante ι de l'intégrale (109) a pour valeur $k \cos\gamma$.

Prenons maintenant, afin de diminuer le nombre des variables, le plan du couple résultant pour plan des x, y. Prenons, par exemple, pour nouvel axe des x le nœud ascendant du plan invariable, et désignons par Ψ, Φ, Θ les angles analogues à ψ, φ, θ, et rapportés au nouveau plan des x, y. En considérant le triangle sphérique formé par les trois nœuds ascendants du plan invariable sur $\overline{xy}$, du plan $\overline{\xi\eta}$ sur $\overline{xy}$, et du plan $\overline{\xi\eta}$ sur le plan invariable, on a les relations

(110) $$\begin{cases} \cos\theta = \cos\gamma \cos\Theta - \sin\gamma \sin\Theta \cos\Psi, \\ \sin(\varphi - \Phi) \sin\theta = \sin\Psi \sin\gamma, \\ \sin(\psi - \alpha) \sin\theta = \sin\Psi \sin\Theta, \end{cases}$$

qui équivalent à deux intégrales des équations du mouvement, puisqu'elles renferment deux constantes arbitraires.

La variable ψ, qui n'entre que par sa différentielle dans l'expression de T et par suite dans les équations du mouvement, ne peut entrer dans les équations intégrales, et par suite dans l'expression de la fonction principale S, qu'accompagnée de la constante arbitraire $-\alpha$. On aura donc

$$D_\psi S = -D_\alpha S;$$

mais, par l'équation (108),

$$D_\psi S = D_{\psi'} T = \text{la constante } \iota.$$

Donc, en ne faisant pas entrer dans l'expression de S la constante ι, ni γ qui en dépend et que l'on peut éliminer au moyen des équations (110), on aura, pour l'une des intégrales du mouvement,

$$(111) \qquad D_\alpha S = -\iota.$$

Appliquons maintenant au plan invariable les équations des aires. Les moments des quantités de mouvement par rapport aux axes mobiles sont $p\int(\eta^2+\zeta^2)\,dm$, etc., c'est-à-dire Ap, Bq, Cr. Projetant ces moments sur les trois axes relatifs au plan invariable, on aura pour les moments relatifs à ces trois derniers axes,

$$Apa + Bqb + Crc, \quad Apa_{,} + Bqb_{,} + Crc_{,}, \quad Apa_{,,} + Bqb_{,,} + Crc_{,,}.$$

Les deux premiers moments sont nuls; le troisième est le moment k du couple résultant. Nous aurons donc, en remplaçant les cosinus $a, b, c, a_{,}$, etc., par leurs valeurs en Ψ, Φ, Θ,

$$(112)\quad \left\{\begin{aligned} &Ap(\cos\Phi\cos\Psi - \sin\Phi\sin\Psi\cos\Theta)\\ &+ Bq(-\sin\Phi\cos\Psi - \cos\Phi\sin\Psi\cos\Theta) + Cr\sin\Psi\sin\Theta = 0,\\ &Ap(\cos\Phi\sin\Psi + \sin\Phi\cos\Psi\cos\Theta)\\ &+ Bq(-\sin\Phi\sin\Psi + \cos\Phi\cos\Psi\cos\Theta) - Cr\cos\Psi\sin\Theta = 0,\end{aligned}\right.$$

$$(113)\qquad Ap\sin\Phi\sin\Theta + Bq\cos\Phi\sin\Theta + Cr\cos\Theta = k.$$

Les équations (112) peuvent s'écrire

$$\begin{aligned} &(Ap\cos\Phi - Bq\sin\Phi)\cos\Psi\\ &-(Ap\sin\Phi\cos\Theta + Bq\cos\Phi\cos\Theta - Cr\sin\Theta)\sin\Psi = 0,\\ &(Ap\cos\Phi - Bq\sin\Phi)\sin\Psi\\ &+(Ap\sin\Phi\cos\Theta + Bq\cos\Phi\cos\Theta - Cr\sin\Theta)\cos\Psi = 0,\end{aligned}$$

d'où résulte

$$Ap\cos\Phi - Bq\sin\Phi = 0, \quad (Ap\sin\Phi + Bq\cos\Phi)\cos\Theta - Cr\sin\Theta = 0,$$

ou, ce qui revient au même,

$$\frac{Ap}{\sin\Phi\sin\Theta} = \frac{Bq}{\cos\Phi\sin\Theta} = \frac{Cr}{\cos\Theta}.$$

Remplaçant maintenant p, q, r par leurs valeurs analogues à (105), il vient

$$(114)\quad A\left(d\Psi + \frac{\cos\Phi\,d\Theta}{\sin\Phi\sin\Theta}\right) = B\left(d\Psi - \frac{\sin\Phi\,d\Theta}{\cos\Phi\sin\Theta}\right) = C\left(d\Psi + \frac{d\Phi}{\cos\Theta}\right).$$

Ces équations de condition vont nous permettre d'éliminer de l'expression de T, et par conséquent des équations différentielles du mouvement, Θ et sa différentielle, ou, ce qui revient au même, de remplacer les six variables ψ, φ, θ, u, v, w par quatre variables seulement.

En désignant par $\mathfrak{M}$, $\mathfrak{N}$, $\mathfrak{N}'$ ce que deviennent les expressions (107) lorsqu'on y remplace ψ, φ, θ par Ψ, Φ, Θ, les équations (114) donnent d'abord

$$\mathfrak{N} d\Theta = \frac{1}{2}\mathfrak{N}' \sin\Theta\, d\Psi; \tag{115}$$

puis, en remplaçant $\frac{d\Theta}{\sin\Theta}$ par la valeur tirée de cette équation, et remarquant que

$$2\mathfrak{N}\cos\Phi - \mathfrak{N}'\sin\Phi = 2\cos\Phi\left(\frac{\sin^2\Phi}{A} + \frac{\cos^2\Phi}{B}\right) - 2\left(\frac{1}{A} - \frac{1}{B}\right)\sin^2\Phi\cos\Phi = \frac{2\cos\Phi}{B},$$

il vient

$$\cos\Theta\, d\Psi = -\frac{C\mathfrak{N}\, d\Phi}{1 - C\mathfrak{N}}, \quad \cos\Theta\, d\Psi + d\Phi = -\frac{d\Phi}{1 - C\mathfrak{N}}. \tag{116}$$

Cela posé, en remplaçant, dans l'expression (106), p, q, r par leurs valeurs (105), on a

$$T = \frac{1}{2}AB\left(\mathfrak{M}\sin^2\Theta\frac{d\Psi^2}{dt^2} - \mathfrak{N}'\sin\Theta\frac{d\Psi\, d\Theta}{dt^2} + \mathfrak{N}\frac{d\Theta^2}{dt^2}\right) + \frac{1}{2}C\left(\cos\Theta\frac{d\Psi}{dt} + \frac{d\Phi}{dt}\right)^2.$$

En substituant les valeurs (115), (116), et remarquant que

$$4\mathfrak{M}\mathfrak{N} - \mathfrak{N}'^2 = \frac{4}{AB},$$

la valeur de T se réduit à

$$T = \frac{2\mathfrak{N}}{\mathfrak{N}'^2}\frac{d\Theta^2}{dt^2} + \frac{C}{2(1 - C\mathfrak{N})^2}\frac{d\Phi^2}{dt^2},$$

ou enfin, en éliminant encore $d\Theta$ à l'aide des mêmes relations,

$$T = \frac{1}{2}\left(\frac{1}{\mathfrak{N}}\frac{d\Psi^2}{dt^2} + \frac{C}{1 - C\mathfrak{N}}\frac{d\Phi^2}{dt^2}\right),$$

expression qui ne renferme plus que les variables indépendantes Ψ et Φ.

Si l'on pose maintenant

$$D_{\Psi'}T = \mathrm{u}, \quad D_{\Phi'}T = \mathrm{v},$$

la valeur de T, devient

(117) $$T = \frac{1}{2}\left[\mathfrak{M}u^2 + \left(\frac{1}{C} - \mathfrak{M}\right)v^2\right] = H.$$

Puisque $D_\Psi H = 0$, il en résulte

(118) $$du = 0, \quad u = \text{constante},$$

et il est aisé de voir, en éliminant de l'intégrale (113), Θ et $d\Theta$ au moyen des équations (115), (116), que le premier membre se réduit à

$$\frac{1}{\mathfrak{M}}\frac{d\Psi}{dt} = u.$$

Donc l'équation (118) est la troisième équation des aires

(119) $$u = k.$$

On tire ensuite de l'intégrale des forces vives (117)

$$v^2 = \frac{C(2H - k^2\mathfrak{M})}{1 - C\mathfrak{M}}.$$

Substituant maintenant pour u et v leurs valeurs, il vient

$$V = \int (u\,d\Psi + v\,d\Phi) = k\Psi + \int \frac{\sqrt{C}\sqrt{2H - k^2\mathfrak{M}}}{\sqrt{1 - C\mathfrak{M}}}\,d\Phi,$$

et, par suite,

$$S = k\Psi + \int \frac{\sqrt{C}\sqrt{2H - k^2\mathfrak{M}}}{\sqrt{1 - C\mathfrak{M}}}\,d\Phi - Ht,$$

d'où l'on tire les deux équations intégrales qui restaient à trouver,

$$D_H S = \int \frac{\sqrt{C}.\,d\Phi}{\sqrt{1 - C\mathfrak{M}}\sqrt{2H - k^2\mathfrak{M}}} - t = -\tau,$$

$$D_k S = \Psi - \int \frac{k\sqrt{C}.\,\mathfrak{M}\,d\Phi}{\sqrt{1 - C\mathfrak{M}}\sqrt{2H - k^2\mathfrak{M}}} = \varpi,$$

τ et ϖ étant deux constantes arbitraires.

On a ensuite

$$\cos\Theta = -\frac{C\mathfrak{M}}{1 - C\mathfrak{M}}\frac{d\Phi}{d\Psi} = \mp\frac{\sqrt{C}}{k}\sqrt{\frac{2H - k^2\mathfrak{M}}{1 - C\mathfrak{M}}},$$

d'où

$$\sin\Theta = \frac{1}{k}\sqrt{\frac{k^2 - CH}{1 - C\mathfrak{M}}}.$$

Θ se trouve ainsi exprimé au moyen de k, H, Φ.

Maintenant, si l'on élimine γ entre les équations (110), et que l'on mette pour Θ sa valeur en k, H, Φ, il restera deux équations qui donneront Ψ et Φ en fonction de ψ, φ, θ, α, k, H; et, en substituant ces valeurs dans S, cette fonction se trouvera exprimée au moyen des coordonnées du problème et des trois constantes arbitraires α, k, H. Ainsi les trois équations intégrales sont

$$(120) \qquad D_H S = -\tau, \quad D_k S = \varpi, \quad D_\alpha S = -\iota.$$

TROISIÈME SECTION.

THÉORIE DE LA VARIATION DES CONSTANTES ARBITRAIRES.

§ XVIII.

Nous allons maintenant étudier l'usage des propriétés de la fonction S, pour la recherche des intégrales indéfiniment approchées, dans les problèmes de mécanique qui ne sont pas susceptibles d'une intégration rigoureuse.

Nous avons vu que les équations du mouvement pouvaient se ramener à la forme

$$(121) \qquad \frac{du_i}{dt} = D_{p_i} H, \quad \frac{dp_i}{dt} = -D_{u_i} H,$$

où l'on a posé

$$p_i = D_{u'_i} T(u_1, u_2, \ldots, u'_1, u'_2, \ldots),$$

et de plus, après avoir exprimé T en fonction des quantités u_i et p_i, par l'équation

$$T = F(p_1, p_2, \ldots, u_1, u_2, \ldots),$$

$$F(p_1, p_2, \ldots, u_1, u_2, \ldots) - U(u_1, u_2, \ldots, t) = H(p_1, p_2, \ldots, u_1, u_2, \ldots, t).$$

Supposons que la fonction F soit composée d'une partie principale F_1, et d'une partie très-petite F_2, qu'on puisse négliger dans une première approximation; et qu'il en soit de même de U, et par suite de H; de sorte qu'on ait

$$T = F = F_1 + F_2,$$

$$U = U_1 + U_2,$$

$$H_1 = F_1 - U_1, \quad H_2 = F_2 - U_2, \quad H = H_1 + H_2.$$

La quantité H_2 est ce que nous appellerons la *fonction perturbatrice*.

Si l'on néglige d'abord la quantité très-petite H_2, on aura une représentation approchée du mouvement en intégrant les équations

$$\frac{du_i}{dt} = D_{p_i} H_1, \quad \frac{dp_i}{dt} = -D_{u_i} H_1.$$

Soit S_1 la fonction principale du mouvement représenté par les intégrales approchées, et que nous désignerons sous le nom de mouvement *non troublé*, tandis que nous appellerons mouvement troublé celui qui répond aux intégrales rigoureuses des équations (121).

Les intégrales premières du mouvement non troublé seront de la forme

$$p_i = D_{u_i} S_1,$$

et les intégrales finies, de la forme

(122) $$\alpha'_i = D_{\alpha_i} S_1.$$

Ces intégrales finies donnent pour les coordonneés u_i des valeurs telles que

$$u_i = \text{fonct.}\,(t, \alpha_1, \alpha_2, \ldots, \alpha'_1, \alpha'_2, \ldots).$$

Si l'on remplace, dans ces valeurs, les premiers membres des équations (122) par les seconds, d'où

(123) $$u_i = \text{fonct.}\,(t, \alpha_1, \alpha_2, \ldots, D_{\alpha_1} S_1, D_{\alpha_2} S_1, \ldots),$$

on devra tomber sur des identités, puisque ces relations ne renferment que la moitié des constantes arbitraires qui entrent dans les intégrales générales (122). Ces identités devront encore subsister si, au lieu des coordonnées non troublées, u_1, u_2,... représentent les coordonnées troublées, qui satisfont aux équations

$$\alpha'_i = D_{\alpha_i} S = D_{\alpha_i} S_1 + D_{\alpha_i} S_2,$$

$S_2 = \int (F_2 + U_2)\, dt$ étant la correction qu'il faut ajouter à S_1 pour avoir la valeur exacte de S. On tire de là

(124) $$D_{\alpha_i} S_1 = \alpha'_i - D_{\alpha_i} S_2;$$

substituant ces valeurs dans l'identité (123), on a, pour la valeur exacte de u_i,

$$u_i = \text{fonct.}\,(t, \alpha_1, \alpha_2, \ldots, \alpha'_1 - D_{\alpha_1} S_2, \alpha'_2 - D_{\alpha_2} S_2, \ldots).$$

Donc, étant données les équations (122) du mouvement non troublé, on en déduira les équations du mouvement troublé en augmentant les constantes arbitraires de la seconde série, c'est-à-dire les constantes arbitraires α'_i qui n'entrent pas dans l'expression de S, des quantités

(125) $$\Delta\alpha'_i = D_{\alpha_i} S_2.$$

De même, si la valeur de p_i, dans le mouvement non troublé, est

(126) $$p_i = \text{fonct.}(t, \alpha_1, \alpha_2, \ldots \alpha'_1, \alpha'_2, \ldots),$$

on aura l'identité

$$D_{u_i} S_1 = \text{fonct.}(t, \alpha_1, \alpha_2, \ldots D_{\alpha_1} S_1, D_{\alpha_2} S_1, \ldots).$$

Or la valeur exacte de p_i est

$$p_i = D_{u_i} S = D_{u_i} S_1 + D_{u_i} S_2, \quad \text{d'où} \quad D_{u_i} S_1 = p_i - D_{u_i} S_2.$$

Donc, en ayant égard aux équations (124), on aura rigoureusement, dans le mouvement troublé,

(127) $$p_i = D_{u_i} S_2 + \text{fonct.}(t, \alpha_1, \alpha_2, \ldots, \alpha'_1 - D_{\alpha_1} S_2, \alpha'_2 - D_{\alpha_2} S_2, \ldots).$$

Donc, étant données les intégrales premières (126) du mouvement non troublé, on en déduira les intégrales premières du mouvement troublé, en augmentant les constantes de la seconde série des quantités (125), et ajoutant en outre à l'expression résultante la quantité

(128) $$\Delta p_i = D_{u_i} S_2.$$

D'après cette méthode de parvenir aux équations du mouvement troublé, on voit que les équations du mouvement non troublé continueront à représenter les coordonnées troublées, pourvu qu'on y considère les constantes α'_i de la seconde série non plus comme des constantes absolues, mais comme des constantes augmentées des petits accroissements variables déterminés par les équations (125). Mais, en même temps, les quantités p_i sont exprimées, dans les deux mouvements, par des fonctions différentes du temps, des éléments constants α_i et des éléments variables α'_i.

§ XIX.

Voyons maintenant comment on peut calculer des valeurs indéfiniment approchées de la correction S_2.

Si $\varphi(x, y, z, \ldots)$ représente une fonction homogène et du second degré des variables $x, y, z, \ldots$, il est aisé de voir que l'on a identiquement

$$(129)\quad \begin{aligned}\varphi(x+\xi, y+\eta, z+\zeta, \ldots) &= \varphi(x, y, z, \ldots)+\varphi(\xi, \eta, \zeta, \ldots) \\ &\quad + \xi\varphi'(x)+\eta\varphi'(y)+\ldots.\end{aligned}$$

Il résulte de là et de la forme connue de la fonction F, qu'on a

$$\begin{aligned}F(D_{u_1}S, D_{u_2}S, \ldots) &= F(D_{u_1}S_1 + D_{u_1}S_2, D_{u_2}S_1 + D_{u_2}S_2, \ldots) \\ &= F(D_{u_1}S_1, D_{u_2}S_1, \ldots) + F(D_{u_1}S_2, D_{u_2}S_2, \ldots) + \Sigma D_{u_i}S_2 . F'(D_{u_i}S_1).\end{aligned}$$

La fonction $F'(D_{u_i}S_1)$ étant linéaire, on a

$$F'(D_{u_i}S_1) = F'(D_{u_i}S) - F'(D_{u_i}S_2),$$

et par suite

$$(130)\quad \begin{aligned}F(D_{u_1}S, D_{u_2}S, \ldots) &= F(D_{u_1}S_1, D_{u_2}S_1, \ldots) + F(D_{u_1}S_2, D_{u_2}S_2, \ldots) \\ &\quad + \Sigma(D_{u_i}S_2 . F'D_{u_i}S) - \Sigma D_{u_i}S_2 . F'(D_{u_i}S_2).\end{aligned}$$

Mais, en vertu des équations différentielles du mouvement et de leurs intégrales premières, on a

$$F'(D_{u_i}S) = F'(p_i) - D_{p_i}H = \frac{du_i}{dt},$$

d'où résulte la formule symbolique, applicable à une fonction quelconque des coordonnées et du temps,

$$\frac{d}{dt} = D_t + \Sigma F'(D_{u_i}S) . D_{u_i}.$$

Donc

$$(131)\quad \Sigma D_{u_i}S_2 . F'(D_{u_i}S = \frac{dS_2}{dt} - D_t S_2.$$

Ensuite, par la forme de la fonction F_2, on a

$$(132)\quad \Sigma D_{u_i}S_2 . F'(D_{u_i}S_2) = 2F_2(D_{u_1}S_2, D_{u_2}S_2, \ldots).$$

Enfin, en ayant égard aux équations aux dérivées partielles auxquelles satisfont les fonctions S et S_1,

$$\begin{aligned}F(D_{u_1}S, D_{u_2}S, \ldots) &= U - D_t S = U - D_t S_1 - D_t S_2, \\ F_1(D_{u_1}S_1, D_{u_2}S_1, \ldots) &= U_1 - D_t S_1,\end{aligned}$$

les équations (130), (131), (132) donnent

$$(133)\quad \frac{dS_2}{dt} = U_2 - F_2(D_{u_1}S_1, D_{u_2}S_1, \ldots) + F(D_{u_1}S_2, D_{u_2}S_2, \ldots).$$

Maintenant U_2, F_2, S_2 sont de l'ordre des forces perturbatrices, ainsi que $D_{u_i} S_2$. Donc la fonction F étant homogène et du second degré par rapport à ces quantités, le dernier terme de l'équation (133) sera de l'ordre du carré des forces perturbatrices. On pourra donc négliger ce terme dans la seconde approximation, et supposer en même temps qu'on a substitué dans U_2, F_2 les valeurs des coordonnées, en fonction du temps et des constantes arbitraires, déduites des équations du mouvement non troublé. On aura alors, pour première valeur approchée de la correction,

$$(134) \qquad S_2 = \int [U_2 - F_2(p_1, p_2, \ldots, u_1, u_2, \ldots)]\, dt,$$

que l'on peut écrire

$$(135) \qquad S_2 = -\int H_2\, dt.$$

Si l'on veut faire usage des formules (125) et (128), après avoir déterminé par l'intégration S_2 en fonction de $t, \alpha_1, \alpha_2, \ldots, \alpha'_1, \alpha'_2, \ldots$, on éliminera les constantes de la seconde série $\alpha'_1, \alpha'_2, \ldots$, au moyen des équations intégrales du mouvement non troublé, et S_2 devra être exprimé, comme S et S_1, en fonction de $t, \alpha_1, \alpha_2, \ldots, u_1, u_2, \ldots$

Mais, au lieu de faire cettte élimination, on pourra laisser les quantités α'_i, mais à la condition de les considérer comme des fonctions de α_1, $\alpha_2, \ldots, u_1, u_2, \ldots, t$ déterminées par les équations (122), et de les différentier sous ce point de vue. On aura, d'après cela, en désignant par la caractéristique δ les dérivées partielles prises par rapport aux quantités u_i, α_i, lorsqu'on fait varier tout ce qui en dépend,

$$(136) \qquad \Delta \alpha'_i = \frac{\delta \int H_2\, dt}{\delta \alpha_i} = \int D_{\alpha_i} H_2\, dt + \Sigma_k D_{\alpha_i} \alpha'_k \int D_{\alpha'_k} H_2\, dt,$$

$$(137) \qquad \Delta p_i = -\frac{\delta \int H_2\, dt}{\delta u_i} = -\Sigma_k D_{u_i} \alpha'_k \int D_{\alpha'_k} H_2\, dt.$$

Pour appliquer ces formules, on formera les dérivées

$$D_{\alpha_i} \alpha'_k = D_{\alpha_i} D_{\alpha_k} S_1, \quad D_{u_i} \alpha'_k = D_{u_i} D_{\alpha_k} S_1,$$

et l'on substituera ensuite leur valeurs, que l'on pourra exprimer en fonction du temps et des constantes.

Pour obtenir une troisième approximation, qui donne les termes de l'ordre du carré de la force perturbatrice, désignons par ΔS_1 la valeur approchée obtenue par la formule (134),

$$\Delta S_1 = \int [U_2 - F_2(D_{u_1} S_1, D_{u_2} S_1, \ldots)] dt.$$

Puisqu'on y a substitué les valeurs des coordonnées fournies par la première approximation, on a pris

$$du_i = F'_1(D_{u_i} S_1) dt,$$

S_1 étant déterminé par l'équation aux dérivées partielles

$$D_t S_1 + F_1(D_{u_1} S_1, D_{u_2} S_1, \ldots) = U_1.$$

Par conséquent

$$(138) \quad \frac{d\Delta S_1}{dt} = U_2 - F_2(D_{u_1} S_1, D_{u_2} S_1, \ldots) = D_t \Delta S_1 + \Sigma D_{u_i} \Delta S_1 . F'(D_{u_i} S_1).$$

Soit maintenant

$$S_2 = \Delta S_1 + S_3.$$

Dans la formule rigoureuse

$$\frac{dS_2}{dt} = - D_t S_1 + U - F(D_{u_1} S_1, D_{u_2} S_1, \ldots) + F(D_{u_1} S_2, D_{u_2} S_2, \ldots)$$

que l'on déduit des équations (130), (131), (132), remplaçons S_2 par S_3, et S_1 par $S_1 + \Delta S_1$, il vient, en vertu des formules (129) et (138),

$$\begin{aligned}
\frac{dS_3}{dt} &= - D_t S_1 + U_1 - D_t \Delta S_1 + U_2 - F(D_{u_1} S_1, D_{u_2} S_2, \ldots) \\
&\quad - F(D_{u_1} \Delta S_1, D_{u_2} \Delta S_1, \ldots) - \Sigma F'(D_{u_i} S_1) . D_{u_1} \Delta S_1 + F(D_{u_1} S_3, D_{u_2} S_3, \ldots) \\
&= - D_t \Delta S_1 + U_2 - F_2(D_{u_1} S_1, D_{u_2} S_1, \ldots) - F(D_{u_1} \Delta S_1, D_{u_2} \Delta S_1, \ldots) \\
&\quad - \Sigma_i F'_1(D_{u_i} S_1) . D_{u_i} \Delta S_1 - \Sigma_i F'_2(D_{u_i} S_1) . D_{u_i} \Delta S_1 + F(D_{u_1} S_3, D_{u_2} S_3, \ldots) \\
&= - \Sigma_i F'_2(D_{u_i} S_1) . D_{u_i} \Delta S_1 - F(D_{u_1} \Delta S_1, D_{u_2} \Delta S_1, \ldots) + F(D_{u_1} S_3, D_{u_2} S_3, \ldots).
\end{aligned}$$

Or F'_2 est une fonction linéaire de quantités de l'ordre zéro, multipliée par une quantité du premier ordre; $D_{u_i} \Delta S_1$ est une quantité du premier ordre. Donc le premier terme de cette formule est du deuxième ordre, et il en est de même du second terme. Le dernier terme est d'un ordre plus élevé de deux unités, c'est-à-dire du quatrième ordre. On peut donc le négliger vis-à-vis des deux autres. De plus, on peut négliger $F_2(D_{u_1} \Delta S_1, D_{u_2} \Delta S_1, \ldots)$, qui est du troisième ordre. On a donc, aux quantités du troisième ordre près, en désignant par $\Delta^2 S_1$ la valeur approchée de S_3,

$$(139)\quad \frac{d\Delta^2 S_1}{dt} = -F_1(D_{u_1}\Delta S_1, D_{u_2}\Delta S_1, \ldots) - \Sigma_i F'_2(D_{u_i} S_1) . D_{u_i}\Delta S_1 .$$

On intégrera cette expression, en y remplaçant les coordonnées par leurs valeurs non troublées, et il viendra, pour la troisième approximation,

$$\Delta^2 S_1 = -\int [F_1(D_{u_1}\Delta S_1, D_{u_2}\Delta S_1, \ldots) - \Sigma_i F'_2(p_i) . D_{u_i}\Delta S_1]\, dt.$$

On pourrait avoir immédiatement une valeur approchée, aux quantités près du quatrième ordre, en remplaçant dans la formule (139) les coordonnées par leurs valeurs résultant de la seconde approximation, et ajoutant le terme $-F_2(D_{u_1}\Delta S_1, D_{u_2}\Delta S_1, \ldots)$, où l'on remplacera les coordonnées par leurs valeurs non troublées, puis en intégrant comme précédemment.

En continuant ainsi, on aurait des valeurs de S indéfiniment approchées. Il en résultera pour les constantes α'_i des corrections successives, que l'on obtiendra en remplaçant, dans la formule (125), S_2 successivement par ΔS_1, $\Delta^2 S_1$, etc.

§ XX.

Appliquons cette méthode à un système attractif avec une masse prédominante.

Soit un système de $n+1$ corps $m_1, m_2, \ldots, m_n$, M, dont nous rapporterons les mouvements au centre du corps principal M. Si l'on néglige d'abord l'action des autres corps $m_1, \ldots, m_{i-1}, m_{i+1}, \ldots, m_n$, les corps m_i et M formeront un système binaire, et il est aisé de faire voir que l'on aura une première approximation du mouvement, en considérant les différents systèmes binaires

$$(m_1, M), \quad (m_2, M), \ldots, \quad (m_n, M).$$

En effet, en désignant par x_i, y_i, z_i les coordonnées de m_i par rapport à trois axes rectangulaires passant par M, et posant, pour abréger,

$$x'^2_i + y'^2_i + z'^2_i = v_i^2,$$

on aura (77) pour l'expression de la demi-force vive relative du système,

$$T = \frac{1}{2}\frac{M}{M+\Sigma m}\Sigma m v^2$$
$$+ \frac{1}{2}\frac{1}{M+\Sigma m}\Sigma m_i m_k [(x'_i - x'_k)^2 + (y'_i - y'_k)^2 + (z'_i - z'_k)^2].$$

Or la demi-force vive du système binaire (m_i, M) a pour expression

$$\mathrm{T}^{(i)} = \frac{1}{2}\frac{\mathrm{M}}{\mathrm{M}+m_i} m_i \mathrm{v}_i^2.$$

On peut déduire de ces deux relations :

$$(\mathrm{M}+m_1+m_2+\ldots)\,\mathrm{T} = \frac{\mathrm{M}}{2}(m_1\mathrm{v}_1^2+m_2\mathrm{v}_2^2+\ldots)$$
$$+\frac{1}{2}\Sigma\, m_i m_k[(x'_i-x'_k)^2+\ldots)],$$

$$\mathrm{M}(\mathrm{T}^{(1)}+\mathrm{T}^{(2)}+\ldots)+m_1\mathrm{T}^{(1)}+m_2\mathrm{T}^{(2)}+\ldots = \frac{\mathrm{M}}{2}(m_1\mathrm{v}_1^2+m_2\mathrm{v}_2^2+\ldots),$$

d'où, par soustraction,

$$\mathrm{T}-\Sigma_i\mathrm{T}^{(i)} = \Sigma_i\frac{m_i}{\mathrm{M}}(\mathrm{T}^{(i)}-\mathrm{T})$$
$$+\frac{1}{2\mathrm{M}}\Sigma\, m_i m_k[(x'_i-x'_k)^2+(y'_i-y'_k)^2+(z'_i-z'_k)^2].$$

Le second membre de cette équation est du second ordre par rapport aux masses perturbatrices, tandis que chacune des quantités T, $\Sigma\,\mathrm{T}^{(i)}$ est du premier. Donc on a une première valeur approchée de la force vive totale, en prenant la somme des forces vives correspondantes aux systèmes binaires partiels.

Maintenant, si l'on désigne par $\mathrm{S}^{(i)}$ la fonction principale du système binaire (m_i, M), sa valeur est

$$\mathrm{S}^{(i)} = \int(\mathrm{T}^{(i)}+\mathrm{M}m_i f_i)\,dt,$$

f_i étant la fonction de la distance à M, dont la dérivée, prise en signe contraire, exprime l'attraction rapportée à l'unité de masse. Or, si l'on désigne par $f_{i,k}$ la fonction analogue de la distance des corps m_i, m_k, on aura, pour la valeur de U,

$$\mathrm{U} = \mathrm{M}\,\Sigma\, mf + \Sigma\, m_i m_k f_{i,k},$$

et la valeur de la fonction principale du système est

$$\mathrm{S} = \int(\mathrm{T}+\mathrm{U})\,dt.$$

Si l'on fait la somme des fonctions principales des différents systèmes binaires, on a, en désignant cette somme par S_1,

$$\mathrm{S}_1 = \Sigma\mathrm{S}^{(i)} = \int(\Sigma\,\mathrm{T}^{(i)}+\mathrm{M}\,\Sigma\, m_i f_i)\,dt.$$

La quantité

$$U_1 = M\Sigma mf$$

ne différant de U, et la somme $\Sigma T^{(i)}$ ne différant de T que de quantités du second ordre, S_1 sera une valeur approchée de S, aux quantités du second ordre près.

Cela posé, en faisant, pour abréger,

$$\frac{1}{m_i} + \frac{1}{M_i} = \frac{1}{\mathfrak{M}_i}, \quad M + m_i = \mu_i,$$

on a (82)

$$T = \Sigma \frac{1}{2\mathfrak{M}_i}[(D_{x_i}S)^2 + (D_{y_i}S)^2 + (D_{z_i}S)^2]$$

$$+ \frac{1}{M}\Sigma(D_{x_i}S.D_{x_k}S + D_{y_i}S.D_{y_k}S + D_{z_i}S.D_{z_k}S).$$

Prenant le premier terme du second membre pour F_1, et le second pour F_2, ce qui donne

$$F_1(D_{x_1}S_1, D_{x_2}S_1, \ldots) = F_1(D_{x_1}S^{(1)}, D_{x_2}S^{(2)}, \ldots) = \Sigma T^{(i)},$$

$$F_2(D_{x_1}S_1, D_{x_2}S_1, \ldots) = F_2(D_{x_1}S^{(1)}, D_{x_2}S^{(2)}, \ldots) = \frac{1}{M}\Sigma(D_{x_i}S^{(i)}, D_{x_k}S^{(k)} + \ldots),$$

la formule (134) devient, à cause de $D_{x_i}S^{(i)} = D_{x'_i}T^{(i)} = \frac{Mm_i}{\mu_i}x'_i$, etc.,

$$\Delta S_1 = \int dt\,\Sigma m_i m_k\left[f_{i,k} - \frac{M}{\mu_i\mu_k}(x'_i x'_k + y'_i y'_k + z'_i z'_k)\right].$$

On peut mettre cette valeur sous une autre forme, en observant que les coordonnées non troublées satisfaisant aux équations

$$\frac{d}{dt}D_{x'_i}T^{(i)} - D_{x_i}T^{(i)} = D_{x_i}Mmf_i, \ldots,$$

ou

$$\frac{d^2x}{dt^2} = \mu_i D_{x_i}f_i, \quad \frac{d^2y}{dt^2} = \mu_i D_{y_i}f_i, \quad \frac{d^2z}{dt^2} = \mu_i D_{z_i}f_i,$$

on a, en intégrant par parties,

$$\int x'_i x'_k dt = x'_i x_k - \int x_k x''_i dt = x_k.\frac{1}{\mathfrak{M}_i}D_{x_i}S^{(i)} - \int \mu_i x_k.D_{x_i}f_i.dt$$

$$= x'_k x_i - \int x_i x''_k dt = x_i.\frac{1}{\mathfrak{M}_k}D_{x_k}S^{(k)} - \int \mu_k x_i.D_{x_k}f_k.dt;$$

en posant donc

$$\Delta S_1 = \Sigma m_i m_k W_{i,k},$$

il viendra successivement

$$(140)\quad W_{i,k} = \int dt\left[f_{i,k} - \frac{M}{\mu_i \mu_k}(x'_i x'_k + y'_i y'_k + z'_i z'_k)\right],$$

$$(141)\quad W_{i,k} = \int dt R_{i,k} - \frac{1}{\mu_i m_k}(x_i . D_{x_k} S^{(k)} + y_i . D_{y_k} S^{(k)} + z_i . D_{z_k} S^{(k)}),$$

$$(142)\quad W_{i,k} = \int dt R_{k,i} - \frac{1}{\mu_k m_i}(x_k . D_{x_i} S^{(i)} + y_k . D_{y_i} S^{(i)} + z_k . D_{z_i} S^{(k)}),$$

où nous avons posé

$$R_{i,k} = f_{i,k} + \frac{M}{\mu_i}(x_i . D_{x_k} f_k + y_i . D_{y_k} f_k + z_i . D_{z_k} f_k),$$

avec une valeur analogue pour $R_{k,i}$. On peut prendre, en négligeant les quantités du premier ordre,

$$R_{i,k} = f_{i,k} + x_i . D_{x_k} f_k + y_i . D_{y_k} f_k + z_i . D_{z_k} f_k,$$

ce qui revient à la fonction R de Laplace.

Maintenant, si l'on prend la forme (141), la parenthèse ne renferme que les coordonnées x_i, y_i, z_i et nullement les constantes α_i. Mais pour avoir $\Delta\alpha'_i$, dans le calcul du mouvement de m_i, il faut différentier $W_{i,k}$ par rapport à α_i, α_i et α'_i étant deux constantes conjuguées relatives au système binaire (m_i, M). Donc la parenthèse ne donne rien pour cette valeur, et l'on peut, en la négligeant, prendre

$$(143)\quad \frac{1}{m_i m_k}\Delta\alpha'_i = -\frac{\delta \int R_{i,k} dt}{\delta\alpha_i} = -\int D_{\alpha_i} R_{i,k} dt - \Sigma_l D_{\alpha_i} \alpha_i'^{(l)} \int D_{\alpha_i'^{(l)}} R_{i,k} dt.$$

Si, pour plus de simplicité, on ne considère que trois corps, soient m la masse troublée, m_1 la masse perturbatrice, et

$$R = f_{0,1} + \frac{M}{\mu}(x . D_{x_1} f_1 + y . D_{y_1} f_1 + z . D_{z_1} f_1).$$

Nous avons trouvé pour les intégrales relatives au système binaire (m, M) des valeurs de la forme

$$D_k S = \frac{Mm}{\mu}\varpi, \quad D_\theta S = \frac{Mm}{\mu}\iota, \quad D_h S = -\frac{Mm}{\mu}\tau.$$

Appliquant à ce cas la formule (143), il vient

$$(144)\quad \begin{cases} \Delta\varpi = -\dfrac{\mu m_1}{M}\left(\begin{array}{l}\int D_k R\,dt + D_k\varpi.\int D_\varpi R\,dt \\ + D_k\iota.\int D_\iota R\,dt + D_k\tau.\int D_\tau R\,dt\end{array}\right), \\ \Delta\iota = \dfrac{\mu m_1}{M}\left(\begin{array}{l}\int D_\theta R\,dt + D_\theta\varpi.\int D_\varpi R\,dt \\ + D_\theta\iota.\int D_\iota R\,dt + D_\theta\tau.\int D_\tau R\,dt\end{array}\right), \\ \Delta\tau = \dfrac{\mu m_1}{M}\left(\begin{array}{l}\int D_h R\,dt + D_h\varpi.\int D_\varpi R\,dt \\ + D_h\iota.\int D_\iota R\,dt + D_h\tau.\int D_\tau R\,dt\end{array}\right). \end{cases}$$

§ XXI.

Dans le cas de la nature, on a

$$f = \frac{1}{r}.$$

En faisant

$$h = -\frac{\mu}{2a},\quad k^2 = \mu a(1-e^2),\quad \rho^2 = \frac{\mu}{ar^2}[a^2e^2 - (a-r)^2],$$

$$r = a(1 - e\cos u),$$

la formule du § XVI donne

$$\frac{\mu}{Mm}S = \sqrt{a\mu}\,(u + e\sin u) - k\,\mathrm{arc}\left(\cos = \frac{a(1-e^2)-r}{er}\right) + kv - ht + \text{const.}$$

Calculant les dérivées de S par rapport à k, h, θ, il vient pour les équations intégrales du mouvement,

$$D_k.\frac{\mu}{Mm}S = -\mathrm{arc}\cos\frac{a(1-e^2)-r}{er} + v = \varpi,$$

$$D_h.\frac{\mu}{Mm}S = \sqrt{\frac{a^3}{\mu}}(u - e\sin u) - t = -\tau,$$

$$D_\theta.\frac{\mu}{Mm}S = -\frac{k\cos\lambda\sin(L-\theta)}{\sin\varphi} = -\iota.$$

Pour appliquer les formules (144), il faut former les dérivées partielles des quantités ϖ, τ, ι par rapport à k, h, θ. On trouve ainsi, en posant

$$\mu = a^3 n^2, \quad \frac{\iota}{k} = \cos\varphi,$$

$$D_k \varpi = \frac{a(1+e^2) - r}{a^3 n e^3 \sin u},$$

$$D_h \tau = -\frac{3(t-\tau)}{a^2 n^2} - \frac{a(1-e^2)[a(1-e^2)-r] - 2e^2 r^2}{a^4 n^3 e^3 \sin u},$$

$$D_\theta \iota = -\frac{a^2 n \sqrt{1-e^2} \sin^2\varphi \cos\varphi}{\operatorname{tang}(L-\theta)},$$

$$D_k \tau = -D_h \varpi = \frac{\sqrt{1-e^2}}{a^3 n^2} \frac{a(1-e^2)-r}{e^3 \sin u},$$

$$D_\theta \varpi = -D_k \iota = -\cos\varphi,$$

$$D_\theta \tau = D_h \iota = 0.$$

Substituant ces valeurs dans les formules (144), on aura les valeurs de $\Delta\varpi$, $\Delta\iota$, $\Delta\tau$.

On voit que ces expressions sont fort compliquées, et d'un usage peu commode dans le problème qui nous occupe.

§ XXII.

Dans la méthode précédente, on ne faisait varier qu'une seule série de constantes. M. Hamilton en a déduit une autre méthode, beaucoup plus commode dans les applications, et dans laquelle on fait varier les deux séries de constantes à la fois.

En vertu de la formule (136), une coordonnée quelconque u, en passant du mouvement non troublé au mouvement troublé, varie de la quantité

$$(145) \quad \left\{ \begin{aligned} \Delta u &= \Sigma_i D_{\alpha'_i} u . \Delta\alpha'_i = \Sigma_i D_{\alpha'_i} u . \int D_{\alpha_i} H_2 . dt \\ &+ \Sigma_{i,k} D_{\alpha'_i} u . D_{\alpha_i} \alpha'_k . \int D_{\alpha'_k} H_2 . dt. \end{aligned} \right.$$

En ayant égard à la relation

$$(146) \qquad D_{\alpha_i} \alpha'_k = D_{\alpha_i} D_{\alpha_k} S_1 = D_{\alpha_k} \alpha'_i,$$

le dernier terme de l'équation (145) équivaut à

$$\begin{aligned} & D_{\alpha'_1} u \left[D_{\alpha_1} \alpha'_1 . \int D_{\alpha'_1} H_2 . dt + D_{\alpha_1} \alpha'_2 . \int D_{\alpha'_2} H_2 dt + \ldots \right] \\ & + D_{\alpha'_2} u \left[D_{\alpha_2} \alpha'_1 . \int D_{\alpha'_1} H_2 . dt + D_{\alpha_2} \alpha'_2 . \int D_{\alpha'_2} H_2 dt + \ldots \right] \\ & + \ldots \ldots \ldots \end{aligned}$$

ou, ce qui revient au même, à

$$(147) \quad \left\{ \begin{aligned} & (D_{\alpha'_1} u . D_{\alpha_1} \alpha'_1 + D_{\alpha'_2} u . D_{\alpha_1} \alpha'_2 + \ldots) \int D_{\alpha'_1} H_2 dt \\ & + (D_{\alpha'_1} u . D_{\alpha_2} \alpha'_1 + D_{\alpha'_2} u . D_{\alpha_2} \alpha'_2 + \ldots) \int D_{\alpha'_2} H_2 dt \\ & + \ldots \ldots \ldots \end{aligned} \right.$$

Mais l'équation intégrale

$$u = \text{fonct.} (t, \alpha_1, \alpha_2, \ldots, \alpha'_1, \alpha'_2 \ldots)$$

donne, en considérant α' comme équivalant à $D_\alpha S_1$,

$$(148) \qquad o = D_{\alpha_i} u + \Sigma_k D_{\alpha_i} \alpha'_k . D_{\alpha'_k} u.$$

D'après cela, l'expression (147) se réduit à

$$- \Sigma D_{\alpha_i} u \int D_{\alpha'_i} H_2 dt,$$

et, par conséquent, la valeur de Δu peut s'écrire

$$\Delta u = \Sigma_i \left[D_{\alpha'_i} u \int D_{\alpha_i} H_2 dt - D_{\alpha_i} u \int D_{\alpha'_i} H_2 dt \right].$$

On voit donc qu'au lieu de ne faire varier que les seules constantes α'_i des quantités déterminées par la formule (136), on peut, sans changer les valeurs des coordonnées, faire varier à la fois les deux séries de constantes respectivement des quantités

$$(149) \qquad \Delta \alpha'_i = \int D_{\alpha_i} H_2 dt, \quad \Delta \alpha_i = - \int D_{\alpha'_i} H_2 dt.$$

Dans ce nouveau système de variation des constantes, il est aisé de faire voir que les quantités p conservent la même forme dans le mouvement troublé que dans le mouvement non troublé. En effet, en désignant par la caractéristique δ les dérivées partielles prises en considérant les quantités

α'_i comme fonctions des quantités α_i et u_i, la formule (127), ou

$$p = \frac{\delta S_2}{\delta u} + \text{fonct.}\left(t, \alpha, \alpha_2, \ldots, \alpha'_1 - \frac{\delta S_2}{\delta \alpha_1}, \alpha'_2 - \frac{\delta S_2}{\delta \alpha_2}, \ldots\right)$$

donnera, en désignant par p la valeur non troublée (126), et remarquant que

$$\frac{\delta S_2}{\delta u} = \Sigma_i D_{\alpha'_i} S_2 \frac{\delta \alpha'_i}{\delta u} = \Sigma_i D_{\alpha'_i} S_2 \frac{\delta^2 S_1}{\delta u \, \delta \alpha_i} = \Sigma_i D_{\alpha'_i} S_2 \frac{\delta \mathrm{p}}{\delta \alpha_i},$$

$$\begin{aligned} p - \mathrm{p} &= \Sigma_i D_{\alpha'_i} S_2 \frac{\delta \mathrm{p}}{\delta \alpha_i} - \Sigma_k D_{\alpha'_k} \mathrm{p} \cdot \frac{\delta S_2}{\delta \alpha_k} \\ &= -\Sigma_i \left(D_{\alpha_i} \mathrm{p} + \Sigma_k D_{\alpha_i} \alpha'_k D_{\alpha'_k} \mathrm{p}\right) \int D_{\alpha'_i} H_2 \, dt \\ &\quad + \Sigma_k D_{\alpha'_k} \mathrm{p} \left(\int D_{\alpha_k} H_2 \, dt + \Sigma_i D_{\alpha_k} \alpha'_i \int D_{\alpha'_i} H_2 \, dt\right), \end{aligned}$$

ce qui se réduit, en vertu de la formule (146), à

$$p - \mathrm{p} = \Sigma_i \left(D_{\alpha'_i} \mathrm{p} \int D_{\alpha_i} H_2 \, dt - D_{\alpha_i} \mathrm{p} \int D_{\alpha'_i} H_2 \, dt\right).$$

On voit par cette formule que la valeur troublée de p peut se déduire de la valeur non troublée, en augmentant les deux séries de constantes des quantités déterminées par les équations (149), sans changer autrement la forme de cette valeur.

En appliquant cette méthode au système considéré dans le paragraphe précédent, et remarquant que les calculs que nous venons de faire subsistent, *quant aux valeurs des coordonnées,* quelle que soit la fonction H_2, on voit que l'on obtiendra les intégrales finies de mouvement troublé, aux quantités près du second ordre, en augmentant, dans les équations du mouvement non troublé, les constantes α'_i, α_i soit des quantités

(150) $$\Delta \alpha'_i = -m_i m_k D_{\alpha_i} W_{i,k}, \quad \Delta \alpha_i = m_i m_k D_{\alpha'_i} W_{i,k},$$

soit des quantités

(151) $$\Delta \alpha'_i = -m_i m_k \int D_{\alpha_i} R_{i,k} \, dt, \quad \Delta \alpha_i = m_i m_k \int D_{\alpha'_i} R_{i,k} \, dt.$$

Les variations des éléments ne sont pas les mêmes dans les deux cas, à cause de la partie hors du signe $\int$ que renferme l'expression (141) de $W_{i,k}$. Les différences de ces variations ont pour expressions, le signe Σ se rapportant à toutes les valeurs de k différentes de i,

$$(152)\quad \begin{cases} \delta\alpha'_i = \frac{m_i}{\mu_i}\left(D_{\alpha_i}x_i\Sigma D_{x_k}S^{(k)} + D_{\alpha_i}y_i\Sigma D_{y_k}S^{(k)} + D_{\alpha_i}z_i\Sigma D_{z_k}S^{(k)}\right), \\ \delta\alpha_i = -\frac{m_i}{\mu_i}\left(D_{\alpha'_i}x_i\Sigma D_{x_k}S^{(k)} + D_{\alpha'_i}y_i\Sigma D_{y_k}S^{(k)} + D_{\alpha'_i}z_i\Sigma D_{z_k}S^{(k)}\right). \end{cases}$$

En augmentant les constantes α'_i, α_i de ces variations, les valeurs des coordonnées ne doivent pas changer, puisque les formules (150) et (151) doivent également fournir les perturbations des coordonnées. On doit donc avoir, en désignant par δx_i, etc., les variations de x_i, etc., correspondantes aux variations (152), et par α_i, β_i, γ_i, α'_i, β'_i, γ'_i les constantes correspondantes au système binaire (m_i, M),

$$\begin{aligned} 0 = \delta x_i &= D_{\alpha_i}x_i\delta\alpha_i + D_{\alpha'_i}x_i\delta\alpha'_i + D_{\beta_i}x_i\delta\beta_i + D_{\beta'_i}x_i\delta\beta'_i + \ldots \\ &= \frac{m_i}{\mu_i}(D_{\alpha'_i}x_iD_{\alpha_i}y_i - D_{\alpha_i}x_iD_{\alpha'_i}y_i + D_{\beta'_i}x_iD_{\beta_i}y_i - D_{\beta_i}x_iD_{\beta'_i}y_i + \ldots)\Sigma D_{y_k}S^{(k)} \\ &+ \frac{m_i}{\mu_i}(D_{\alpha'_i}x_iD_{\alpha_i}z_i - D_{\alpha_i}x_iD_{\alpha'_i}z_i + D_{\beta'_i}x_iD_{\beta_i}z_i - D_{\beta_i}x_iD_{\beta'_i}z_i + \ldots)\Sigma D_{z_k}S^{(k)}. \end{aligned}$$

Pour satisfaire à cette rélation et aux deux autres relations analogues

$$0 = \delta y_i, \quad 0 = \delta z_i,$$

il faut que les quantités entre parenthèses et celle qu'on en déduirait en remplaçant x_i par y_i soient identiquement nulles. C'est ce qui résulte d'une proposition plus générale que nous allons démontrer.

Soient u_1, u_2, deux coordonnées quelconques. En considérant les constantes α' comme remplacées par leurs valeurs en fonction des constantes α des coordonnées et du temps, nous avons vu dans la formule (148) qu'on a les identités

$$0 = D_{\alpha_i}u_1 + \Sigma_k D_{\alpha_i}\alpha'_k D_{\alpha'_k}u_1, \qquad 0 = D_{\alpha_i}u_2 + \Sigma_k D_{\alpha_i}\alpha'_k D_{\alpha'_k}u_2,$$

d'où l'on déduit

$$D_{\alpha_i}u_1 D_{\alpha'_i}u_2 - D_{\alpha_i}u_2 D_{\alpha'_i}u_1 = \Sigma_k D_{\alpha_i}\alpha'_k(D_{\alpha'_i}u_1 D_{\alpha'_k}u_2 - D_{\alpha'_i}u_2 D_{\alpha'_k}u_1).$$

Faisant la somme de toutes les relations semblables pour les différents couples de constantes conjuguées α_i, α'_i, et ayant égard à la relation (146), il est aisé de voir que la somme des seconds membres est nulle. On a donc la relation identique

$$(153)\qquad \Sigma_i(D_{\alpha_i}u_1 D_{\alpha'_i}u_2 - D_{\alpha_i}u_2 D_{\alpha'_i}u_1) = 0.$$

Si maintenant on fait croître les constantes α_i, α'_i de quantités de la forme

$$\delta\alpha_i = -\Sigma_k U_k D_{\alpha'_i} u_k, \quad \delta\alpha'_i = \Sigma_k U_k D_{\alpha_i} u_k,$$

en faisant, pour abréger, pour une fonction quelconque f,

$$\Box f = \Sigma_{i,k} U_k (D_{\alpha_i} u_k D_{\alpha'_i} f - D_{\alpha'_i} u_k D_{\alpha_i} f),$$

la variation résultante pour une coordonnée u_n sera représentée par la formule symbolique

$$\delta u_n = (e^{\Box} - 1) u_n.$$

Mais, d'après la formule (153), on a identiquement

$$\Box u_n = 0;$$

donc aussi

$$\delta u_n = 0.$$

Dans ce nouveau système de variation des constantes, on trouve, au lieu des formules (144), les formules connues

$$(154) \quad \left\{ \begin{aligned} \Delta\varpi &= -\frac{\mu m_1}{M}\int D_k R\,dt, & \Delta k &= \frac{\mu m_1}{M}\int D_\varpi R\,dt, \\ \Delta\iota &= \frac{\mu m_1}{M}\int D_\theta R\,dt, & \Delta\theta &= -\frac{\mu m_1}{M}\int D_\iota R\,dt, \\ \Delta\tau &= \frac{\mu m_1}{M}\int D_h R\,dt, & \Delta h &= -\frac{\mu m_1}{M}\int D_\tau R\,dt. \end{aligned} \right.$$

§ XXIII.

Dans la démonstration que nous avons donnée, d'après M. Hamilton, des formules (149), nous avons négligé les termes de l'ordre du carré de la force perturbatrice. Or on peut établir comme il suit l'exactitude rigoureuse de ces formules, en ayant égard à toutes les puissances de la force perturbatrice.

Si l'on désigne par ν le nombre des coordonnées u_i, pour que les expressions des coordonnées non troublées conviennent aux coordonnées troublées, il suffit de déterminer, au moyen de ν conditions, un pareil nombre d'indéterminées, que nous supposons ajoutées aux ν constantes de la seconde série. Les valeurs que l'on trouve pour ces accroissements sont données rigoureusement par la formule

(155) $$\Delta\alpha'_i = -D_{\alpha_i}S_2(u_1, u_2, \ldots, \alpha_1, \alpha_2, \ldots, t).$$

Supposons qu'au moyen des intégrales rigoureuses ont ait exprimé $u_1, u_2, \ldots$, en fonction de $\alpha_1, \alpha_2, \ldots, \alpha'_1, \alpha'_2, \ldots, t$. En considérant alors S_2 comme une fonction de ces dernières quantités, et en posant, les dérivées étant prises sous ce point de vue,

$$D_{\alpha_i} S_2 = A'_i, \quad D_{\alpha'_i} S_2 = A_i,$$

l'expression (155) deviendra

(156) $$\Delta\alpha'_i = -D_{\alpha_i}S_2 - \Sigma_k D_{\alpha_i}\alpha'_k D_{\alpha'_k}S_2 = -A'_i - \Sigma_k A_k D_{\alpha_i}\alpha'_k.$$

La variation exacte d'une coordonnée u, résultant de la variation $\Delta\alpha'_i$ attribuée aux constantes α'_i, est donnée par la formule symbolique

(157) $$\Delta u = \left(e^{\Sigma\Delta\alpha' D_{\alpha'}} - 1\right)u.$$

Mais on a, par les formules (154) et (146),

$$\begin{aligned}
-\Sigma\Delta\alpha'.D_{\alpha'} &= A'_1 D_{\alpha'_1} + (A_1 D_{\alpha_1}\alpha'_1 + A_2 D_{\alpha_1}\alpha'_2 + \ldots)D_{\alpha'_1}, \\
&+ A'_2 D_{\alpha'_2} + (A_1 D_{\alpha_2}\alpha'_1 + A_2 D_{\alpha_2}\alpha'_2 + \ldots)D_{\alpha'_2}, \\
&+ \ldots\ldots\ldots\ldots\ldots\ldots \\
&= A'_1 D_{\alpha'_1} + A_1(D_{\alpha_1}\alpha'_1 D_{\alpha'_1} + D_{\alpha_1}\alpha'_2 D_{\alpha'_2} + \ldots), \\
&+ A'_2 D_{\alpha'_2} + A_2(D_{\alpha_2}\alpha'_1 D_{\alpha'_1} + D_{\alpha_2}\alpha'_2 D_{\alpha'_2} + \ldots), \\
&+ \ldots\ldots\ldots\ldots\ldots\ldots
\end{aligned}$$

Mais si l'on considère les signes de dérivation comme devant être appliqués à une coordonnée, on a, par la formule (148),

$$\Sigma_k D_{\alpha_i}\alpha'_k D_{\alpha'_k} = -D_{\alpha_i},$$

donc on a identiquement

$$\Sigma\Delta\alpha'.D_{\alpha'} = \Sigma A D_{\alpha} - A' D_{\alpha'},$$

et par conséquent la formule (157) peut s'écrire

$$\Delta u = \left(e^{\Sigma(AD_{\alpha} - A'D_{\alpha'})} - 1\right)u.$$

Or c'est là précisément l'expression de la variation de u lorsqu'on y augmente α de A, α' de $-$ A'. Donc on aura les valeurs rigoureuses des coordonnées troublées en augmentant, dans les formules du mouvement non troublé, les constantes α_i, α'_i des quantités

$$\Delta\alpha_i = D_{\alpha'_i} S_2, \quad \Delta\alpha'_i = - D_{\alpha_i} S_2,$$

S_2 étant exprimé en fonction de $\alpha_1, \alpha_2, \ldots, \alpha'_1, \alpha'_2, \ldots, t$, au moyen des intégrales rigoureuses du mouvement troublé.

La fonction S_2 étant déterminée par l'équation rigoureuse (133), sa valeur dépend de celle que prend S_1 par suite des variations des 2ν constantes. On peut supposer que les 2ν indéterminées qu'on ajoute à ces constantes sont telles, qu'outre les ν conditions qui expriment que les valeurs des coordonnées n'ont pas changé de forme, elles en vérifient encore ν autres exprimant que les valeurs troublées des ν quantités p_i ont conservé aussi la forme des valeurs non troublées. Dans ce cas on devrait avoir toujours

$$p_i = D_{u_i} S_1.$$

La valeur exacte de p_i étant

$$D_{u_i} S = D_{u_i} S_1 + D_{u_i} S_2,$$

il en résulte que l'on doit avoir alors

$$D_{u_i} S_2 = 0,$$

et par conséquent

$$F(D_{u_1} S_2, D_{u_2} S_2, \ldots) = 0,$$

ce qui réduit rigoureusement la valeur de S_2 tirée de la formule (133) à

$$\frac{dS_2}{dt} = - H_2,$$

ce qui n'est autre chose que la formule (135). On devra remplacer dans H_2 les quantités u_i, p_i par leurs valeurs non troublées, et alors on aura les variations $\Delta\alpha_i$, $\Delta\alpha'_i$ au moyen des formules (149), qui sont maintenant rigoureuses, et que l'on intégrera par des approximations successives.

§ XXIV.

On peut donner de ces formules importantes une démonstration plus directe.

Supposons que l'on ait intégré complétement les équations différentielles du mouvement non troublé,

(158) $$\frac{du}{dt} = D_p H_1, \quad \frac{dp}{dt} = -D_u H_1,$$

par des équations de la forme

(159) $$\text{Fonct.}(t, u_1, u_2, \ldots, p_1, p_2, \ldots, \alpha_1, \alpha_2, \ldots, \alpha'_1, \alpha'_2, \ldots) = 0,$$

et que l'on se propose de représenter par les mêmes formules les intégrales des équations du mouvement troublé

(160) $$\frac{du}{dt} = D_p H_1 + D_p H_2, \quad \frac{dp}{dt} = -D_u H_1 - D_u H_2,$$

en considérant les quantités α_i, α'_i, non plus comme des constantes absolues, mais comme des fonctions du temps qu'il s'agit de déterminer.

Nous avons vu que les équations du mouvement d'un système quelconque peuvent se mettre sous la forme

$$\Sigma(du\,\delta p - dp\,\delta u) = \delta H\,dt,$$

la caractéristique δ exprimant les accroissements indépendants que reçoivent les variables u, p, par suite des accroissements arbitraires $\delta\alpha_i$, $\delta\alpha'_i$, donnés aux constantes α_i, α'_i, lesquelles sont en même nombre que les variables. Cette formule peut s'écrire ainsi

(161) $$d.\Sigma u\,\delta p - \delta.\Sigma u\,dp = \delta H\,dt.$$

Supposons maintenant qu'on donne aux constantes d'autres accroissements, indépendants des premiers, $\Delta\alpha_i$, $\Delta\alpha'_i$, d'où résultent pour les variables des accroissements désignés par la caractéristique Δ. L'équation (161) donnera

$$d.\Sigma\Delta(u\,\delta p) - \Delta\delta.\Sigma u\,dp = \Delta\delta H.dt,$$

et de même, en échangeant entre elles les caractéristiques δ et Δ,

$$d.\Sigma\delta(u\Delta p) - \delta\Delta.\Sigma u\,dp = \delta\Delta H.dt.$$

On tire de là, par soustraction,

$$d.\Sigma[\Delta(u\,\delta p) - \delta(u\Delta p)] = 0,$$

d'où résulte la relation suivante, qui contient le théorème de Lagrange,

$$\Sigma[\Delta(u\,\delta p) - \delta(u\Delta p)] = \text{const.};$$

cette relation peut s'écrire encore de l'une ou de l'autre de ces deux manières,

(162) $$\Sigma(\Delta u \delta p - \delta u \Delta p) = \text{const.},$$

(163) $$\Sigma[\delta(p\Delta u) - \Delta(p\delta u)] = \text{const.}$$

Cette équation exprime que, si l'on donne aux constantes α_i, α'_i deux séries d'accroissements quelconques $\delta\alpha_i$, $\delta\alpha'_i$, et $\Delta\alpha_i$, $\Delta\alpha'_i$, et qu'on forme les variations correspondantes des coordonnées u et des quantités p, lesquelles seront fonctions des quantités α_i, α'_i, $\delta\alpha_i$, $\delta\alpha'_i$, $\Delta\alpha_i$, $\Delta\alpha'_i$, et du temps t, le temps disparaîtra de l'expression (162), qui deviendra ainsi une fonction des seules constantes et de leurs accroissements.

Maintenant, en passant du système des équations approchées (158) au système des équations exactes (160), il faut, pour avoir les valeurs exactes des différentielles du, dp, ajouter, aux valeurs données par les équations (158), les quantités

$$d'u = D_p H_2 . dt, \quad d'p = - D_u H_2 \, dt \text{ [*]}.$$

Ces dernières équations peuvent être mises sous la forme

(164) $$\Sigma(d'u\delta p - d'p\delta u) = \delta H_2 \, dt.$$

Si l'on veut que les équations du mouvement troublé conservent la forme (159), il faudra donner aux constantes α_i, α'_i des accroissements $d\alpha_i$, $d\alpha'_i$, tels que l'on ait

(165) $$d'u = \Sigma(D_\alpha u d\alpha + D_{\alpha'} u d\alpha'), \quad d'p = \Sigma(D_\alpha p d\alpha + D_{\alpha'} p d\alpha'),$$

ce qui est toujours possible, le nombre des inconnues $d\alpha$, $d\alpha'$ étant égal au nombre des conditions (165) auxquelles on doit satisfaire.

Il résulte du théorème exprimé par l'équation (162) que le premier membre de l'équation (164) ne contient pas le temps explicitement, et qu'il est de la forme

$$\Sigma(A\delta\alpha + A'\delta\alpha');$$

[*] La forme de ces équations fait voir que, si la fonction perturbatrice est indépendante des vitesses, et, par conséquent, des quantités p, les différentielles $d'u$ sont nulles, et, par conséquent, les composantes des vitesses, et, en général, des fonctions quelconques des différentielles du premier ordre des coordonnées, sont exprimées par les mêmes fonctions des constantes dans le mouvement troublé que dans le mouvement non troublé, de sorte qu'on peut différentier une fonction finie quelconque des coordonnées en supposant les éléments constants. Il n'en sera plus ainsi si la fonction perturbatrice dépend des quantités p.

d'où il suit que cette équation se partage en autant d'équations de la forme

$$A = D_\alpha H_2 \, dt,$$

qu'il y a de variations indépendantes. C'est là la formule de Lagrange pour la variation des constantes arbitraires.

Soit maintenant S_1 la fonction caractéristique du mouvement non troublé : les intégrales (159), qui conviennent aussi au mouvement troublé en y faisant varier les constantes, se présenteront sous la forme

$$\alpha' = D_\alpha S_1, \quad p = D_u S_1.$$

L'équation (164) pourra alors s'écrire ainsi

(166) $$\Sigma[d'(D_u S_1 . \delta u) - \delta(D_u S_1 . d'u)] = -\delta H_2 \, dt.$$

Or, S_1 étant fonction des quantités u, α et du temps, on a

$$\delta S_1 = \Sigma D_u S_1 . \delta u + \Sigma D_\alpha S_1 . \delta\alpha = \Sigma D_u S_1 . \delta u + \Sigma \alpha' \delta\alpha,$$

d'où l'on tire

$$\Sigma D_u S_1 . \delta u = \delta S_1 - \Sigma \alpha' \delta\alpha,$$

et de même

$$\Sigma D_u S_1 . d'u = d' S_1 - \Sigma \alpha' d\alpha.$$

Faisant ces substitutions dans le premier membre de l'équation (166), il se réduit à

$$\Sigma[\delta(\alpha' d\alpha) - d'(\alpha'\delta\alpha)] + d'\delta S_1 - \delta d' S_1 = \Sigma(d\alpha\,\delta\alpha' - d\alpha'\,\delta\alpha).$$

L'équation (166) peut donc se mettre sous la forme

(167) $$\Sigma(d\alpha'\,\delta\alpha - d\alpha\,\delta\alpha') = \delta H_2 \, dt,$$

et elle se partage dans les suivantes,

(168) $$\frac{d\alpha}{dt} = -D_{\alpha'} H_2, \quad \frac{d\alpha'}{dt} = D_\alpha H_1,$$

ce qui s'accorde avec les formules (149).

On peut simplifier encore cette démonstration en remarquant que, les équations intégrales étant mises sous la forme

$$p = D_u S, \quad \alpha' = D_\alpha S,$$

on en tire, pour un système quelconque,

$$\delta S = \Sigma(p\,\delta u + \alpha'\delta\alpha).$$

Différentiant cette opération par rapport à une autre caractéristique Δ, puis échangeant entre elles les caractéristiques, et faisant la différence des résultats, il vient

$$\Sigma(\Delta u \delta p - \Delta p \delta u) = \Sigma(\Delta \alpha' \delta \alpha - \Delta \alpha \delta \alpha').$$

Remplaçant, comme précédemment, la caractéristique Δ par d', on trouve

$$\Sigma(d'u \delta p - d'p \delta u) = \Sigma(d\alpha' \delta \alpha - d\alpha \delta \alpha').$$

D'après cela, l'équation (164) donne immédiatement la relation (167).

Ainsi la fonction caractéristique S_1 du mouvement non troublé jouit de cette propriété, que, les intégrales de ce mouvement étant mises sous la forme

$$\alpha' = D_\alpha S,$$

les constantes arbitrairement se trouvent partagées en deux séries, telles que les variations de ces constantes sont données par les équations (168).

Si l'on introduit, au lieu des constantes α_i, α'_i, d'autres constantes arbitraires β_1, $\beta_2, \ldots$, celles-ci ne pourraient être que des fonctions des premières; de sorte que les différentielles $d\beta$ seront de la forme

$$d\beta_n = \Sigma_i (D_{\alpha_i} \beta_n \, d\alpha_i + D_{\alpha'_i} \beta_n \, d\alpha'_i),$$

ou, en mettant pour $d\alpha$, $d\alpha'$ leurs valeurs,

(169) $$d\beta_n = - dt \, \Sigma_i (D_{\alpha_i} \beta_n D_{\alpha'_i} H_2 - D_{\alpha'_i} \beta_n D_{\alpha_i} H_2).$$

Mais on a

$$D_{\alpha_i} H_2 = \Sigma_k D_{\alpha_i} \beta_k D_{\beta_k} H_2, \quad D_{\alpha'_i} H_2 = \Sigma_k D_{\alpha'_i} \beta_k D_{\beta_k} H_2.$$

D'après cela, en faisant, pour abréger,

(170) $$(\beta_n, \beta_k) = \Sigma_i (D_{\alpha'_i} \beta_n D_{\alpha_i} \beta_k - D_{\alpha_i} \beta_n D_{\alpha'_i} \beta_k),$$

l'équation (116) deviendra

(171) $$d\beta_n = dt \, \Sigma_k (\beta_n, \beta_k) D_{\beta_k} H_2.$$

Les quantités (β_n, β_k) ne sont autre chose que les fonctions alternées de Poisson; elles se trouvent exprimées par la formule (170) au moyen des constantes α, α'. Ainsi cette formule pourrait servir à démontrer le théorème de Poisson.

Nous avons remarqué (§ VIII) que, lorsque le principe des forces vives a lieu et qu'on prend pour une des constantes arbitraires de la première série la constante H de la force vive, la constante correspondante de la seconde série est la constante $-\tau$, qui accompagne partout le temps. On a donc, pour la variation de H,

$$\frac{dH}{dt} = D_\tau H_2.$$

Si la fonction perturbatrice est développée en série de sinus et de cosinus d'angles croissant proportionnellement au temps, $D_\tau H$ ne contiendra que des termes périodiques, et, par conséquent, la constante H n'aura que des variations périodiques, du moins lorsqu'on s'arrêtera aux termes dépendant de la première puissance de la force perturbatrice (*voir* la note, page 42).

La forme des équations (168) fait voir qu'on a identiquement

$$d'H_2 = \Sigma(D_\alpha H_2\, d\alpha + D_{\alpha'} H_2\, d\alpha') = 0,$$

et l'on aura de même, pour des constantes quelconques,

(172) $$\Sigma D_\beta H_2\, d\beta = 0;$$

ce qui résulte aussi directement des équations (170) et (171).

On a ensuite

$$\frac{dH_2}{dt} = D_t H_2 + \Sigma D_\beta H_2 \frac{d\beta}{dt};$$

ce qui donne, en vertu de l'équation (172),

$$\frac{dH_2}{dt} = D_t H_2.$$

Donc, quand on cherche la différentielle de la fonction perturbatrice H_2, on peut y considérer les éléments comme constants.

Appliquons ces formules au mouvement d'un corps solide traité dans le § XVII.

Dans le cas où le corps n'est sollicité par aucune force extérieure, nous avons vu que les équations intégrales du mouvement peuvent se mettre sous la forme

$$D_{\text{II}} S = -\tau, \quad D_h S = \varpi, \quad D_\alpha S = \iota.$$

Si nous supposons maintenant le corps sollicité par de petites forces, fonctions des coordonnées ψ, φ, θ et du temps, en désignant par Ω la fonction perturbatrice dont ces forces sont les dérivées partielles, de sorte que

$$dt = \frac{d'\psi}{D_u \Omega} = \frac{d'\varphi}{D_v \Omega} = \frac{d'\theta}{D_w \Omega} = -\frac{d'u}{D_\psi \Omega} = -\frac{d'v}{D_\varphi \Omega} = -\frac{d'w}{D_\theta \Omega};$$

les variations des éléments seront données par les équations

$$\frac{dH}{dt} = D_\tau \Omega, \qquad \frac{dk}{dt} = -D_\varpi \Omega, \qquad \frac{d\theta}{dt} = D_\iota \Omega,$$

$$\frac{d\tau}{dt} = -D_H \Omega, \qquad \frac{d\varpi}{dt} = D_k \Omega, \qquad \frac{d\iota}{dt} = -D_\theta \Omega.$$

Ces formules coïncident avec celles qu'a données Poisson (*Journal de l'École Polytechnique,* 15e cahier).

QUATRIÈME SECTION.

THÉORIE GÉNÉRALE DES PERTURBATIONS PLANÉTAIRES.

§ XXV.

Appliquons la théorie de la variation des constantes arbitraires au mouvement d'un système de points libres qui s'attirent suivant certaines fonctions de la distance.

Soient x, y, z les coordonnées d'un quelconque m de ces points par rapport à la masse principale M, prise pour origine. La demi-force vive du mouvement relatif est (76)

$$(173)\quad T = \frac{1}{2}\Sigma m(x'^2 + y'^2 + z'^2) - \frac{1}{2}\frac{1}{M + \Sigma m}\left[(\Sigma m x')^2 + (\Sigma m y')^2 + (\Sigma m z')^2\right].$$

On en tire

$$D_{x'} T = m\left(x' - \frac{\Sigma m x'}{M + \Sigma m}\right).$$

Or $x' - \frac{\Sigma m x'}{M + \Sigma m}$ représente (73) la composante parallèle aux x de la vitesse relative au centre de gravité du système. En désignant par ξ', η', ζ' les composantes de cette vitesse parallèles aux trois axes, on a ainsi

$$\xi' = x' - \frac{\Sigma m x'}{M + \Sigma m}, \quad \eta' = y' - \frac{\Sigma m y'}{M + \Sigma m}, \quad \zeta' = z' - \frac{\Sigma m z'}{M + \Sigma m},$$

$$D_{x'} T = m\xi', \qquad D_{y'} T = m\eta', \qquad D_{z'} T = m\zeta',$$

et ensuite (80)

$$(174) \quad x' = \xi' + \frac{1}{M}\Sigma m\xi', \quad y' = \eta' + \frac{1}{M}\Sigma m\eta', \quad z' = \zeta' + \frac{1}{M}\Sigma m\zeta',$$

ou, en posant

$$M + m_i = \mu_i,$$

et désignant par $\Sigma^{(i)}$ un signe de sommation excluant l'indice i,

$$(175) \quad x'_i = \frac{\mu_i}{M}\xi'_i + \frac{1}{M}\Sigma^{(i)} m\xi', \quad y' = \frac{\mu_i}{M}\eta'_i + \frac{1}{M}\Sigma^{(i)} m\eta', \quad z' = \frac{\mu_i}{M}\zeta'_i + \frac{1}{M}\Sigma^{(i)} m\zeta',$$

et ensuite (81) et (82)

$$(176) \quad T = \frac{1}{2}\Sigma m(\xi'^2 + \eta'^2 + \zeta'^2) + \frac{1}{2M}[(\Sigma m\xi')^2 + (\Sigma m\eta')^2 + (\Sigma m\zeta')^2],$$

ou bien

$$T = \Sigma \frac{\mu m}{2M}(\xi'^2 + \eta'^2 + \zeta'^2) + \frac{1}{M}\Sigma m_i m_k(\xi'_i\xi'_k + \eta'_i\eta'_k + \zeta'_i\zeta'_k).$$

enfin, on a

$$U = \Sigma M m f + \Sigma m_i m_k f_{i,k}.$$

En posant toujours $T - U = H$, les équations du mouvement seront

$$(177) \quad \begin{cases} m\dfrac{dx}{dt} = D_{\xi'}H, & m\dfrac{dy}{dt} = D_{\eta'}H, & m\dfrac{dz}{dt} = D_{\zeta'}H, \\ m\dfrac{d\xi'}{dt} = -D_x H, & m\dfrac{d\eta'}{dt} = -D_y H, & m\dfrac{d\zeta'}{dt} = -D_z H. \end{cases}$$

En faisant, pour abréger,

$$\Sigma m_i m_k f_{i,k} = \lambda,$$

ces équations peuvent s'écrire

$$\frac{dx}{dt} = \frac{1}{m}D_{\xi'}H = \frac{1}{m}D_{\xi'}T = \xi' + \frac{1}{M}\Sigma m\xi' = x', \ldots,$$

$$\frac{d\xi'}{dt} = -\frac{1}{m}D_x H = \frac{1}{m}D_x U = MD_x f + \frac{1}{m}D_x\lambda, \ldots.$$

On tire de là (175) et (174),

$$\frac{d^2x_i}{dt^2} = \frac{\mu_i}{M}\frac{d\xi'_i}{dt} + \frac{1}{M}\Sigma^{(i)} m\frac{d\xi'}{dt} = \frac{d\xi'_i}{dt} + \frac{1}{M}\Sigma m\frac{d\xi'}{dt}$$

$$= MD_{x_i}f_i + \Sigma m D_x f + \frac{1}{m_i}D_{x_i}\lambda + \frac{1}{M}\Sigma D_x\lambda.$$

Mais on a évidemment, par la nature de la fonction λ,

$$\Sigma D_x\lambda = 0, \quad \Sigma D_y\lambda = 0, \quad \Sigma D_z\lambda = 0,$$

Donc

$$\frac{d^2 x_i}{dt^2} = \text{M}\text{D}_{x_i} f_i + \Sigma m \,\text{D}_x f + \frac{1}{m_i}\text{D}_{x_i}\lambda$$

$$= \mu_i \text{D}_{x_i} f_i + \Sigma^{(i)} m \,\text{D}_x f + \frac{1}{m_i}\text{D}_{x_i}\lambda;$$

si donc on pose

$$(178)\quad \text{R} = -\Sigma_k^{(i)} m_k (x_i \,.\, \text{D}_{x_k} f_k + y_i \,.\, \text{D}_{y_k} f_k + z_i \,.\, \text{D}_{z_k} f_k) - \frac{1}{m_i}\lambda,$$

les équations exactes du mouvement de m_i seront

$$\frac{d^2 x_i}{dt^2} = \mu_i \text{D}_{x_i} f_i - \text{D}_{x_i}\text{R},$$

$$\frac{d^2 y_i}{dt^2} = \mu_i \text{D}_{y_i} f_i - \text{D}_{y_i}\text{R},$$

$$\frac{d^2 z_i}{dt^2} = \mu_i \text{D}_{z_i} f_i - \text{D}_{z_i}\text{R}.$$

Les seconds membres de ces équations sont ainsi décomposés en deux parties, une partie principale et une partie perturbatrice.

Pour appliquer la théorie exposée dans la section précédente, il faut commencer par mettre ces équations sous la forme des équations (158). Le mouvement non troublé de m est celui qui répond au système binaire (M, m), dans lequel

$$\text{H}_1 = \text{T}_1 - \text{U}_1, \quad \text{T}_1 = \frac{\text{M}m}{2\mu}(x'^2 + y'^2 + z'^2), \quad \text{U}_1 = \mu f,$$

et les quantités p sont ici

$$u = \text{D}_{x'}\text{T}_1 = \frac{\text{M}m}{\mu}x', \quad v = \text{D}_{y'}\text{T}_1 = \frac{\text{M}m}{\mu}y', \quad w = \text{D}_{z'}\text{T}_1 = \frac{\text{M}m}{\mu}z'.$$

Les équations du mouvement non troublé peuvent s'écrire

$$(179)\quad \left\{\begin{aligned} \frac{dx}{dt} &= \text{D}_u\text{H}_1 = x', & \frac{du}{dt} &= \frac{\text{M}m}{\mu}\frac{dx'}{dt} = -\text{D}_x\text{H}_1, \\ \frac{dy}{dt} &= \text{D}_v\text{H}_1 = y', & \frac{dv}{dt} &= \frac{\text{M}m}{\mu}\frac{dy'}{dt} = -\text{D}_y\text{H}_1, \\ \frac{dz}{dt} &= \text{D}_w\text{H}_1 = z', & \frac{dw}{dt} &= \frac{\text{M}m}{\mu}\frac{dz'}{dt} = -\text{D}_z\text{H}_1. \end{aligned}\right.$$

Les équations du mouvement troublé étant mises sous la forme

$$\frac{dx}{dt} = D_u H = x', \ldots, \qquad \frac{du}{dt} = -D_x H = -D_x H_1 - \frac{Mm}{\mu} D_x R, \ldots,$$

on voit qu'elles prendront la forme (160) en supposant

$$(180) \qquad H_2 = \frac{Mm}{\mu} R.$$

Cette fonction perturbatrice étant indépendante des différentielles des coordonnées, il en résulte que les composantes de la vitesse auront la même expression dans le mouvement troublé que dans le mouvement non troublé.

Nous avons vu que les intégrales du mouvement d'un système binaire peuvent se mettre sous la forme

$$(181) \qquad D_h S = -\frac{Mm}{\mu}\tau, \quad D_k S = \frac{Mm}{\mu}\varpi, \quad D_\theta S = -\frac{Mm}{\mu}\iota.$$

Ainsi, les constantes de la première série étant

$$h, \quad k, \quad \theta,$$

leurs correspondantes de la seconde série seront

$$-\frac{Mm}{\mu}\tau, \quad \frac{Mm}{\mu}\varpi, \quad -\frac{Mm}{\mu}\iota.$$

Les formules générales (168) donneront donc, en vertu de (180), les équations connues pour la variation des constantes arbitraires,

$$\frac{dh}{dt} = D_\tau R, \quad \frac{dk}{dt} = -D_\varpi R, \quad \frac{d\theta}{dt} = D_\iota R,$$
$$\frac{d\tau}{dt} = -D_h R, \quad \frac{d\varpi}{dt} = D_k R, \quad \frac{d\iota}{dt} = -D_\theta R.$$

Remarquons que la fonction R n'est pas symétrique par rapport aux coordonnées des différents points, et qu'elle ne peut servir que pour le calcul des perturbations du seul corps m_i ou m.

§ XXVI.

On peut trouver d'autres formes de la fonction perturbatrice, jouissant de propriétés différentes.

Par exemple, on peut partager la fonction H en deux parties de la manière suivante :

$$H_1 = T - U_1 = T - M\Sigma mf,$$
$$H_2 = -U_2 = -\lambda,$$

T étant donné par la formule (176). Les équations du mouvement non troublé seraient alors de la forme

$$m\frac{dx}{dt} = D_{\xi'}H_1 = mx',$$
$$m\frac{d\xi'}{dt} = -D_x H_1 = D_x U_1 = M m D_x f.$$

Par suite, l'intégration des équations du mouvement non troublé reviendrait à celle des équations du second ordre

$$\frac{d^2x}{dt^2} = \frac{d\xi'}{dt} + \frac{1}{M}\Sigma m\frac{d\xi'}{dt} = MD_x f + \Sigma m D_x f, \ldots,$$

ou

$$\frac{d^2x}{dt^2} = \mu D_x f + \Sigma_{,} m_k D_{x_k} f_k,$$
$$\frac{d^2y}{dt^2} = \mu D_y f + \Sigma_{,} m_k D_{y_k} f_k,$$
$$\frac{d^2z}{dt^2} = \mu D_z f + \Sigma_{,} m_k D_{z_k} f_k,$$

le signe $\Sigma_{,}$ excluant la masse m.

Si l'on savait intégrer ces équations exactement, pour certaines formes des fonctions f, en passant ensuite au mouvement troublé, la fonction perturbatrice étant à la fois symétrique par rapport à toutes les coordonnées et indépendante des différentielles de ces coordonnées, cette fonction sera la même pour les perturbations de tous les points, et, de plus, les vitesses auront les mêmes expressions dans le mouvement troublé que dans le mouvement non troublé.

§ XXVII.

M. Hamilton a indiqué une autre forme de la fonction perturbatrice, qui donne, il est vrai, des expressions différentes pour les vitesses dans le mouvement troublé et dans le mouvement non troublé, mais qui, en partant des mêmes équations du mouvement non troublé que dans le cas de la fonction perturbatrice ordinaire R, a le grand avantage d'être symétrique par rapport aux coordonnées de tous les points du système.

Prenons

$$T_1 = \Sigma \frac{\mu m}{2M}(\xi'^2 + \eta'^2 + \zeta'^2), \quad U_1 = M\Sigma m f, \quad H_1 = T_1 - U_1,$$

$$T_2 = \frac{1}{M}\Sigma m_i m_k(\xi'_i \xi'_k + \eta'_i \eta'_k + \zeta'_i \zeta'_k), \quad U_2 = \lambda, \quad H_2 = T_2 - U_2 = \Omega.$$

Les équations du mouvement non troublé seront

$$(182) \quad \begin{cases} \dfrac{dx}{dt} = \dfrac{\mu}{M}\xi', & \dfrac{dy}{dt} = \dfrac{\mu}{M}\eta', & \dfrac{dz}{dt} = \dfrac{\mu}{M}\zeta', \\ \dfrac{d\xi'}{dt} = MD_x f, & \dfrac{d\eta'}{dt} = MD_y f, & \dfrac{d\zeta'}{dt} = MD_z f, \end{cases}$$

et elles conduisent aux mêmes équations du second ordre en x, y, z que les équations (179).

Ayant obtenu les valeurs de x, y, z, ξ', η', ζ' en fonction de t et des constantes, on fait ensuite varier celles-ci, de façon que les expressions de x, y, z, ξ', η', ζ' restent de même forme. Mais dans le mouvement troublé, $\frac{dx}{dt}$ n'a plus pour valeur $\frac{\mu}{M}\xi'$, mais

$$\xi' + \frac{1}{M}\Sigma m\xi', \quad \text{ou} \quad \frac{\mu}{M}\xi' + \frac{1}{M}\Sigma, m_k \xi'_k.$$

L'expression de la vitesse n'est donc plus la même dans les deux mouvements. Il en résulte que les variations des constantes arbitraires ne doivent pas avoir la même valeur dans la méthode de M. Hamilton que dans la méthode ordinaire.

Reprenons l'intégration des équations (182), afin de préciser la signification des constantes arbitraires que nous introduirons.

Si l'on fait, pour abréger, $\frac{df}{dr} = f'$, des deux dernières équations (182) de chaque ligne, mises sous la forme

$$\frac{dy}{dt} = \frac{\mu\eta'}{M}, \qquad \frac{dz}{dt} = \frac{\mu\zeta'}{M},$$

$$\frac{d\eta'}{dt} = \frac{My}{r}f', \quad \frac{d\zeta'}{dt} = \frac{Mz}{r}f',$$

on tire, en les multipliant respectivement par ζ', $-\eta'$, $-z$, y, et ajoutant

$$d(y\zeta' - z\eta') = 0, \quad \text{d'où} \quad y\zeta' - z\eta' = \text{const.};$$

cette équation et les deux autres qui lui sont analogues renferment le principe des aires, et l'on peut les mettre sous la forme

$$(183)\qquad (y\zeta' - z\eta')^2 + (z\xi' - x\zeta')^2 + (x\eta' - y\xi')^2 = k^2,$$

$$(184)\qquad x\eta' - y\xi' = \iota,$$

$$(185)\qquad \frac{z\eta' - y\zeta'}{z\xi' - x\zeta'} = \operatorname{tang}\theta.$$

On voit que, $\operatorname{tang}\theta$ étant la valeur de $\frac{y}{x}$ pour $z = 0$, θ est la longitude du nœud.

Multipliant en croix les équations (182), qui sont écrites les unes au-dessous des autres, et faisant la somme des produits, il vient, en intégrant,

$$(186)\qquad \frac{\mu}{2\text{M}}(\xi'^2 + \eta'^2 + \zeta'^2) - \text{M}f = h,$$

ce qui est l'équation des forces vives.

On a ensuite

$$(x\,dx + y\,dy + z\,dz)^2 = r^2 dr^2 = \frac{\mu^2}{\text{M}^2}(x\xi' + y\eta' + z\zeta')^2 dt^2.$$

Donc on a

$$(187)\quad (x\xi' + y\eta' + z\zeta')^2 = \frac{\text{M}^2}{\mu^2}\frac{r^2 dr^2}{dt^2},\qquad \xi'^2 + \eta'^2 + \zeta'^2 = \frac{2\,\text{M}}{\mu}(\text{M}f + h).$$

Mais la valeur (183) de k^2 peut s'écrire

$$k^2 = (x^2 + y^2 + z^2)(\xi'^2 + \eta'^2 + \zeta'^2) - (x\xi' + y\eta' + z\zeta')^2$$
$$= r^2 . \frac{2\,\text{M}}{\mu}(\text{M}f + h) - \frac{\text{M}^2}{m^2} \cdot \frac{r^2 dr^2}{dt^2};$$

d'où l'on tire, en posant, pour abréger,

$$\rho = \frac{dr}{\sqrt{dr^2}}\sqrt{\frac{2\mu}{\text{M}}h - 2\mu f - \frac{\mu^2 k^2}{\text{M}^2 r^2}},$$

et désignant par r_0 celle des racines de $\rho = 0$ qui correspond à r minimum,

$$(188)\qquad t - \tau = \int_{r_0}^{r} \frac{dr}{\rho}.$$

En prenant l'intégrale à partir de $r = r_0$, on a exprimé la condition pour les dérivées de l'intégrale $\int \rho\, dr$; par rapport aux constantes k, h se réduisent à

$$\int_{r_0}^{r} \mathrm{D}_k \rho . dr, \qquad \int_{r_0}^{r} \mathrm{D}_h \rho . dr;$$

car alors les parties $-\rho_0 . \mathrm{D}_k r_0$, $-\rho_0 . \mathrm{D}_k r_0$, qui résultent de la variation de la limite inférieure r_0, s'évanouissent. τ est ainsi l'époque du passage au périhélie.

Pour avoir la sixième intégrale, on remarquera que les équations (183), (184), (187) donnent

$$\begin{aligned} k^2 - \iota^2 &= (y\zeta' - z\eta')^2 + (z\xi' - x\zeta')^2 \\ &= (x^2 + y^2)\zeta'^2 + z^2(\xi'^2 + \eta'^2) - 2z\zeta'(x\xi' + y\eta') \\ &= r^2\zeta'^2 + z^2\left(\frac{\mathrm{M}^2}{\mu^2}\rho^2 + \frac{k^2}{r^2}\right) - 2rz \cdot \frac{\mathrm{M}^2}{\mu^2}\frac{dr\,dz}{dt^2}, \end{aligned}$$

ou, à cause de $dt^2 = \frac{dr^2}{\rho^2}$,

$$\begin{aligned} k^2 - \iota^2 &= \frac{\mathrm{M}^2}{\mu^2}\left(\frac{r^2 dz^2}{dt^2} + \rho^2 z^2 - 2rz\frac{dr\,dz}{dt^2}\right) + \frac{k^2 z^2}{r^2} \\ &= \frac{\mathrm{M}^2}{\mu^2}\rho^2 . \left(\frac{r\,dz - z\,dr}{dr}\right)^2 - \frac{k^2 z^2}{r^2}; \end{aligned}$$

d'où

$$\frac{d . \frac{z}{r}}{\sqrt{k^2 - \iota^2 - k^2\frac{z^2}{r^2}}} = \frac{\mu}{\mathrm{M}}\frac{dr}{r^2\rho},$$

et en intégrant,

$$\text{(189)} \qquad \arcsin \frac{kz}{r\sqrt{k^2 - \iota^2}} = \frac{\mu}{\mathrm{M}} k \int_{r_0}^{r} \frac{dr}{r^2\rho} + \varpi.$$

Le premier membre de cette équation représente l'argument de la latitude; l'intégrale du second membre est un angle qui s'évanouit pour $r = r_0$: c'est donc l'anomalie vraie. Donc ϖ est la distance du nœud ascendant au périhélie ou la longitude du périhélie comptée à partir du nœud ascendant.

En désignant maintenant par υ l'argument de la latitude, et remarquant que les équations (183), (186) donnent

$$\frac{r^2 dv}{dt} = \frac{M}{\mu} k, \qquad \frac{dr^2 + r^2 dv^2}{dt^2} = \frac{\mu}{M}(Mf + h),$$

on en conclura, comme au § XVI, pour la valeur de la fonction principale du mouvement non troublé,

$$S_1 = m\left(kv + \frac{M}{\mu}\int_{r_0}^{r} \rho\, dr - ht\right) + \text{const.},$$

où

$$\cos v = \cos\lambda \cos(L - \theta).$$

Les intégrales des équations du mouvement non troublé peuvent alors s'écrire

$$(190) \qquad D_h S_1 = -m\tau, \quad D_k S_1 = m\varpi, \quad D_\theta S_1 = -m\iota;$$

les constantes h, k, ι différant de celles du § XXV par le facteur $\frac{M}{\mu}$, comme on le voit, en comparant les équations précédentes avec les équations (181).

Les constantes de la première série étant donc

$$h, \quad k, \quad \theta,$$

leurs conjuguées de la seconde série seront

$$-m\tau, \quad m\varpi, \quad -m\iota.$$

Les équations de la variation des constantes arbitraires seront donc

$$(191) \quad \begin{cases} \dfrac{dh}{dt} = \dfrac{1}{m} D_\tau \Omega, & \dfrac{dk}{dt} = -\dfrac{1}{m} D_\varpi \Omega, & \dfrac{d\theta}{dt} = \dfrac{1}{m} D_\iota \Omega, \\ \dfrac{d\tau}{dt} = -\dfrac{1}{m} D_h \Omega, & \dfrac{d\varpi}{dt} = \dfrac{1}{m} D_k \Omega, & \dfrac{d\iota}{dt} = -\dfrac{1}{m} D_\theta \Omega. \end{cases}$$

En remplaçant maintenant ϖ par $\varpi - \theta$, puis posant

$$M = 1, \quad h = -\frac{1}{2a}, \quad k = \sqrt{\frac{a(1-e^2)}{\mu}}, \quad \iota = k\cos\varphi,$$

$$a^3 n^2 = \mu, \qquad \tau = -\frac{\varepsilon - \varpi}{n}, \qquad \zeta = \int n\,dt,$$

on a, par des transformations connues, les formules suivantes, de même forme que celles que l'on emploie habituellement pour le calcul des perturbations,

$$m\frac{d^2\zeta}{dt^2} = 3an^2.D_\varepsilon\Omega,$$

$$m\frac{da}{dt} = -2a^2n.D_\varepsilon\Omega\ [*],$$

$$m\frac{d\varepsilon}{dt} = 2a^2n.D_a\Omega - \frac{an\sqrt{1-e^2}}{e}\left(1-\sqrt{1-e^2}\right).D_e\Omega - \frac{an\ \text{tang}\frac{\varphi}{2}}{\sqrt{1-e^2}}.D_\varphi\Omega,$$

$$m\frac{de}{dt} = \frac{an\sqrt{1-e^2}}{e}\left[D_\varpi\Omega + \left(1-\sqrt{1-e^2}\right).D_\varepsilon\Omega\right],$$

$$m\frac{d\varpi}{dt} = -\frac{an\sqrt{1-e^2}}{e}.D_e\Omega - \frac{an\ \text{tang}\frac{\varphi}{2}}{\sqrt{1-e^2}}.D_\varphi\Omega,$$

$$m\frac{d\theta}{dt} = -\frac{an\ \text{coséc}\,\varphi}{\sqrt{1-e^2}}.D_\varphi\Omega,$$

$$m\frac{d\varphi}{dt} = \frac{an\ \text{coséc}\,\varphi}{\sqrt{1-e^2}}.D_\theta\Omega + \frac{an\ \text{tang}\frac{\varphi}{2}}{\sqrt{1-e^2}}\left(D_\varepsilon\Omega + D_\varpi\Omega\right).$$

---

[*] Cette formule pouvait se déduire très-simplement de l'intégrale (186), ou

$$\frac{\mu}{2m}(\xi'^2+\eta'^2+\zeta'^2) - Mf = -\frac{M}{2a}.$$

En effet, en multipliant membre à membre les équations

$$\frac{\mu m}{M}\xi' + D_{\xi'}\Omega = m\frac{dx}{dt},\quad \frac{\mu m}{M}\eta' + D_{\eta'}\Omega = m\frac{dy}{dt},\quad \frac{\mu m}{M}\zeta' + D_{\zeta'}\Omega = m\frac{dz}{dt},$$

respectivement par les équations

$$m\frac{d\xi'}{dt} = Mm\,D_x f - D_x\Omega,\quad m\frac{d\eta'}{dt} = Mm\,D_y f - D_y\Omega,\quad m\frac{d\zeta'}{dt} = Mm\,D_z f - D_z\Omega,$$

et ajoutant, on a, en vertu de cette intégrale,

$$d.\frac{Mm}{2a} = D_{\xi'}\Omega.d\xi' + D_{\eta'}\Omega.d\eta' + D_{\zeta'}\Omega.d\zeta' + D_x\Omega.dx + D_y\Omega.dy + D_z\Omega.dz;$$

le second membre est la différentielle de Ω, prise en faisant varier de leurs différentielles seulement les quantités x, y, z, ξ', η', ζ', lesquelles s'expriment toutes au moyen de l'angle $nt+\varepsilon$. Donc

$$d.\frac{Mm}{2a} = D_\varepsilon\Omega.n\,dt.$$

§ XXVIII.

En comparant les formules que nous venons de développer avec celles que donne la méthode ordinaire (§ XXV), il est aisé de voir que les variations des constantes diffèrent de quantités du premier ordre par rapport aux forces perturbatrices.

En effet, en négligeant les quantités du second ordre, les intégrales des équations (191) sont de la forme

$$\Delta\alpha = D_{\alpha'} \cdot \frac{1}{m} \int \Omega dt = D_{\alpha'} \int dt \left[\frac{1}{M} \Sigma_{,} m_k (\xi' \xi'_k + \eta' \eta'_k + \zeta' \zeta'_k) - \frac{1}{m} \lambda \right].$$

Or

$$\xi' dt = \frac{M}{\mu} dx, \quad d\xi'_k = M . D_{x_k} f_k . dt.$$

On aura donc, en intégrant par parties, et avec la même approximation,

$$\Delta\alpha = D_{\alpha'} \Sigma_{,} \frac{m_k}{\mu_k} (x \xi_k + y \eta'_k + z \zeta'_k)$$

$$- \frac{M}{\mu} D_{\alpha'} \int dt \left[\Sigma_{,} m (x . D_{x_k} f_k + y . D_{y_k} f_k + z . D_{z_k} f_k) + \frac{1}{m} \lambda \right],$$

c'est-à-dire (178)

$$\Delta\alpha = \frac{M}{\mu} D_{\alpha'} \int R \, dt + D_{\alpha'} \Sigma_{,} \frac{m_k}{\mu_k} (x \xi'_k + y \eta'_k + z \zeta'_k).$$

Or, en ayant égard au facteur $\frac{M}{\mu}$ par lequel diffèrent une moitié des constantes dans les deux systèmes, on voit que les formules ordinaires donnent

$$\Delta\alpha = \frac{M}{\mu} \int D_{\alpha'} R . dt;$$

donc les deux valeurs de $\Delta\alpha$ diffèrent de la quantité

$$\delta\alpha = D_{\alpha'} x . \Sigma_{,} \frac{m_k \xi'_k}{\mu_k} + D_{\alpha'} y . \Sigma_{,} \frac{m_k \eta'_k}{\mu_k} + D_{\alpha'} z . \Sigma_{,} \frac{m_k \zeta'_k}{\mu_k}.$$

On trouverait de même que les deux valeurs de $\Delta\alpha'$ diffèrent de la quantité

$$\delta\alpha' = - D_{\alpha} x . \Sigma_{,} \frac{m_k \xi'_k}{\mu_k} - D_{\alpha} y . \Sigma_{,} \frac{m_k \eta'_k}{\mu_k} - D_{\alpha} z . \Sigma_{,} \frac{m_k \zeta'_k}{\mu_k}.$$

Les variations des coordonnées différeraient, dans les deux systèmes, de quantités de la forme

$$\Sigma(\mathrm{D}_\alpha x \,.\, \delta\alpha + \mathrm{D}_{\alpha'} x \,.\, \delta\alpha') = \Sigma_{,} \frac{m_k \xi'_k}{\mu_k} \times \Sigma(\mathrm{D}_\alpha x \,.\, \mathrm{D}_{\alpha'} x - \mathrm{D}_{\alpha'} x \,.\, \mathrm{D}_\alpha x)$$

$$+ \Sigma_{,} \frac{m_k \eta'_k}{\mu_k} \times \Sigma(\mathrm{D}_\alpha x \,.\, \mathrm{D}_{\alpha'} y - \mathrm{D}_{\alpha'} x \,.\, \mathrm{D}_\alpha y) + \ldots .$$

Le second membre est nul, en vertu des identités démontrées dans le § XXII. Donc les deux systèmes donnent les mêmes valeurs pour les perturbations des coordonnées, ce qui est une vérification de nos formules.

§ XXIX.

La symétrie de la fonction Ω permet de démontrer très-simplement divers théorèmes sur les perturbations qui ont lieu dans le système d'éléments de M. Hamilton, comme dans le système ordinaire.

Commençons d'abord par le théorème sur les inégalités à longues périodes, produites par les perturbations réciproques de deux planètes, m, $m_{,}$. Soient l, $l_{,}$ les longitudes moyennes des deux planètes. Supposons réduits en un seul tous les termes de Ω qui dépendent d'un même argument,

$$u = il + i_{,} l_{,},$$

i, $i_{,}$ étant deux nombres entiers quelconques, et soit

$$\Omega = \mathrm{K} \cos(u + \mathrm{A}),$$

K et A étant des constantes qui dépendent des éléments des deux planètes. Les inégalités des moyens mouvements ζ, $\zeta_{,}$, qui dépendent de l'argument u, seront données par les formules

$$m\,\Delta\zeta = \frac{3an^2 i}{(in + i_{,} n_{,})^2} \mathrm{K} \sin(u + \mathrm{A}),$$

$$m_{,}\,\Delta\zeta_{,} = \frac{3a_{,} n_{,}^2 i_{,}}{(in + i_{,} n_{,})^2} \mathrm{K} \sin(u + \mathrm{A});$$

d'où l'on tire

$$\frac{\Delta\zeta_{,}}{\Delta\zeta} = \frac{m a_{,} n_{,}^2 i_{,}}{m_{,} a n^2 i},$$

Dans le cas des inégalités à longue période, on a, à très-peu près,

$$i_{,} n_{,} = - in,$$

d'où

$$\frac{\Delta\zeta_{,}}{\Delta\zeta} = - \frac{m a_{,} n_{,}}{m_{,} a n},$$

ou, en remarquant qu'on a sensiblement $an = \frac{1}{\sqrt{a}}, \quad a_, n_, = \frac{1}{\sqrt{a_,}}$,

$$m\sqrt{a}\,\Delta\zeta + m_,\sqrt{a_,}\,\Delta\zeta_, = 0;$$

ce qui est la formule démontrée dans la *Mécanique céleste* (tome Ier, page 380).

§ XXX.

Le théorème de l'invariabilité des moyens mouvements et des grands axes se démontre très-simplement pour l'ellipse de M. Hamilton, en y appliquant, à de légers changements près, la démonstration donnée par Poisson (*Mémoire de l'Académie des Sciences*, tome Ier, 1816).

Soient ζ, $\zeta_,$, $\zeta_{,,}$, etc., les moyens mouvements des planètes m, $m_,$, $m_{,,}$, etc. La variation du moyen mouvement ζ est donnée par la formule

$$\frac{d^2\zeta}{dt^2} = A\,\Omega', \tag{192}$$

en faisant, pour abréger

$$\frac{3an^2}{m} = A, \qquad D_\zeta\,\Omega = \Omega';$$

désignons par α, α' deux constantes conjuguées quelconques, appartenant à l'un quelconque des corps du système, et dont les variations dépendront des équations

$$\frac{d\alpha}{dt} = -\,D_{\alpha'}\,\Omega, \qquad \frac{d\alpha'}{dt} = D_\alpha\,\Omega;$$

soient enfin $\Delta\zeta$, $\Delta\alpha$, etc., les parties des variations de ζ, α, etc., proportionnelles aux premières puissances des masses; $\Delta^2\zeta$, $\Delta^2\alpha$, etc., les parties des mêmes variations proportionnelles aux carrés des masses et à leurs produits deux à deux; $\Delta^3\zeta$, $\Delta^3\alpha$, etc., les parties proportionnelles aux cubes des masses et à leurs produits trois à trois.

I. On a d'abord

$$\frac{d^2\Delta\zeta}{dt^2} = A\,\Omega',$$

où l'on regardera, dans l'intégration, les constantes du second membre comme des constantes absolues. On voit aisément, par cette formule, que la partie de ζ qui dépend des premières puissances des masses ne contient aucun terme non périodique.

II. Maintenant A est une fonction du grand axe, lequel a pour variation du premier ordre

$$\Delta a = -\frac{2a^2 n}{m}\int \Omega' dt.$$

Donc la variation du premier ordre de A sera de la forme

$$\Delta A = A' \int \Omega' dt,$$

A' étant une fonction de A, que l'on considère ici comme une constante absolue. D'après cela, il est facile de voir qu'en désignant par $A_{,}$ la quantité analogue à A pour la planète $m_{,}$, la partie du second ordre de $\frac{d^2\zeta}{dt^2}$ sera

$$(193)\quad \left\{\begin{aligned} \frac{d^2.\Delta^2\zeta}{dt^2} = &(1)\quad A'.\Omega'.\int \Omega' dt,\\ &(2)\quad + A^2.D_\zeta\,\Omega'.\int\!\!\int \Omega' dt^2,\\ &(3)\quad + AA_{,}.D_{\zeta_{,}}\Omega'.\int\!\!\int D_{\zeta_{,}}\Omega.dt^2 + \ldots,\\ &(4)\quad - A\left(D_\alpha\,\Omega'.\int D_{\alpha'}\Omega.dt - D_{\alpha'}\Omega'.\int D_\alpha\,\Omega.dt\right) - \ldots \end{aligned}\right.$$

Nous ferons, dans tout ce qui va suivre, abstraction des variations séculaires des autres éléments; on démontre qu'elles n'ont d'autre effet sur le grand axe que de le faire osciller, entre d'étroites limites, autour d'une certaine valeur moyenne. Nous supposerons donc Ω réduit à la partie périodique, et nous allons démontrer que les combinaisons des termes périodiques de cette fonction ne peuvent introduire de partie constante dans la différentielle seconde du moyen mouvement, ou, ce qui revient au même, dans la différentielle première du grand axe.

Chaque terme de l'expression (193) est un produit de deux facteurs, de la forme

$$\cos(\lambda t + p)\cos(\mu t + q).$$

Le temps ne peut disparaître de cette expression que si $\lambda = \mu$. Nous n'avons donc à considérer que les termes de même argument qui entrent dans chaque produit. Nous supposerons que l'on a réduit à un seul tous les termes du développement de Ω qui dépendent du même argument.

(1). Le premier terme de l'expression (193) peut s'écrire

$$\Omega'.\int \Omega' dt = \frac{1}{2}\frac{d.(\int \Omega' dt)^2}{dt},$$

et l'on voit sous cette forme que ce terme ne renferme pas de partie non périodique.

(2). Soit

$$\Omega = L\cos(\lambda t + p),$$

où L, p sont des fonctions des éléments, et où l'on a posé

$$\lambda = in + i_, n_,.$$

On a

$$D_\zeta \Omega' = -i^2 L\cos(\lambda t + p), \qquad \int\int \Omega' dt^2 = \frac{iL}{\lambda^2}\sin(\lambda t + p);$$

d'où

$$D_\zeta \Omega' . \int\int \Omega' dt^2 = -\frac{i^3 L^2}{2\lambda^2}\sin 2(\lambda t + p),$$

quantité périodique.

(3). De même

$$D_{\zeta_,}\Omega' . \int\int D_{\zeta_,}\Omega dt^2 = -\frac{ii_,^2 L^2}{2\lambda^2}\sin 2(\lambda t + p),$$

quantité périodique.

(4). Les termes restants sont de la forme

$$D_\zeta P . \int Q dt - D_\zeta Q . \int P dt. \tag{194}$$

Soit

$$P = M\sin\lambda t + M'\cos\lambda t, \quad Q = N\sin\lambda t + N'\cos\lambda t.$$

L'expression (194) deviendra

$$-i(M\cos\lambda t - M'\sin\lambda t)\cdot\frac{1}{\lambda}(N\cos\lambda t - N'\sin\lambda t)$$

$$+ i(N\cos\lambda t - N'\sin\lambda t)\cdot\frac{1}{\lambda}(M\cos\lambda t - M'\sin\lambda t),$$

quantité identiquement nulle.

Donc la partie du second ordre de $\frac{d^2\zeta}{dt^2}$ ne contient aucun terme non périodique.

III. Le même résultat a lieu encore en portant l'approximation jusqu'aux quantités du troisième ordre par rapport aux forces perturbatrices.

Dans la formule (192) considérons d'abord la variation de A. La quantité h, dont A est une fonction, se changeant en une constante absolue augmentée de $-\int n\Omega' dt$, A deviendra, par l'effet de cette variation, en négligeant les termes d'ordre supérieur au second,

$$A + A' \cdot \int n\Omega' dt + A'' \left(\int n\Omega' dt\right)^2,$$

A, A', A'' étant des constantes absolues, ce qui donne, aux termes près du quatrième ordre,

$$(195) \qquad \frac{d^2\zeta}{dt^2} = A\Omega' + A'\Omega' \cdot \int n\Omega' dt + A'' n^2 \Omega' \cdot \left(\int \Omega' dt\right)^2.$$

Il faut encore augmenter de sa variation du premier ordre le n qui est resté sous le signe $\int$. Pour cela, n étant fonction de h, on peut poser, N et N' étant des constantes absolues,

$$\frac{1}{n} = N + N' \cdot \int n\Omega' dt,$$

d'où, en remplaçant Ω' par $\frac{1}{n} \cdot n\Omega'$, l'expression (195) devient

$$\frac{d^2\zeta}{dt^2} = A\,\Omega' + A' N \,.\, n\Omega' \cdot \int n\Omega' dt + (A'' n^2 + A' N' n).\Omega' \cdot \left(\int \Omega' dt\right)^2.$$

Pour avoir $\frac{d^2 . \Delta^3\zeta}{dt^2}$, il faut remplacer, dans le premier terme, Ω' par sa partie du troisième ordre; dans le second terme, on devra conserver les termes du premier et du second ordre; et, dans le troisième terme, les termes du premier ordre seulement.

En ayant égard aux termes du premier et du second ordre, nous avons démontré que $A\Omega'$, où A pouvait être une fonction quelconque de h, ne renferme que des termes périodiques. Si donc nous supposons la valeur de $n\Omega'$ calculée à ce degré d'approximation, n étant aussi une fonction de h, nous pourrons représenter un terme quelconque de son développement par

$$n\,\Omega' = L \sin(\lambda t + p),$$

en considérant dans cette valeur tous les éléments comme des constantes absolues, l'argument λt ne pouvant être nul. On en déduit

$$\int n\Omega' dt = -\frac{L}{\lambda} \cos(\lambda t + p).$$

Multipliant ces deux termes l'un par l'autre, afin d'avoir, s'il est possible, un terme non périodique, il vient au contraire un terme dépendant de l'angle $2(\lambda t + p)$: ce qui prouve que la partie de $\frac{d^2 . \Delta^3 \zeta}{dt^2}$ que nous examinons ne renferme aucun terme non périodique.

Quant à la troisième partie, on a

$$\Omega' . \left(\int \Omega' dt\right)^2 = \frac{1}{3} . \frac{d . (\int \Omega' dt)^3}{dt},$$

et comme les éléments doivent y être considérés comme des constantes absolues, il est évident que la différentiation par rapport à t fera disparaître les termes non périodiques que pourra renfermer le développement du cube de $\int \Omega' dt$.

En faisant donc abstraction des termes reconnus périodiques, notre valeur de $\frac{d^2 . \Delta^3 \zeta}{dt^2}$ se réduira à

$$\frac{d^2 . \Delta^3 \zeta}{dt^2} = A \Omega',$$

où l'on ne considérera dans Ω' que les termes du troisième ordre.

Il est facile de voir, d'après cela, que si α et α', β et β', etc., sont des couples de constantes conjuguées,

$$(196) \left\{ \begin{aligned} \frac{1}{A} \frac{d^2 . \Delta^3 \zeta}{dt^2} = & \, D_\zeta \Omega' . \Delta^2 \zeta + D_{\zeta_{,}} \Omega' . \Delta^2 \zeta_{,} + \ldots . \\ & + \frac{1}{2} D_\zeta^2 \Omega' . \Delta \zeta^2 + D_\zeta D_{\zeta'} \Omega' . \Delta \zeta \Delta \zeta_{,} + \frac{1}{2} D_{\zeta'}^2 \Omega' . \Delta \zeta_{,}^2 + \ldots \\ & + (D_\alpha \Omega' . \Delta^2 \alpha + D_{\alpha'} \Omega' . \Delta^2 \alpha') + \ldots . \\ & + (D_\zeta D_\alpha \Omega' . \Delta \zeta \Delta \alpha + D_\zeta D_{\alpha'} \Omega' . \Delta \zeta \Delta \alpha') + \ldots \\ & + (D_{\zeta'} D_\alpha \Omega' . \Delta \zeta_{,} \Delta \alpha + D_{\zeta'} D_{\alpha'} \Omega' . \Delta \zeta_{,} \Delta \alpha') + \ldots \\ & + \left(\frac{1}{2} D_\alpha^2 \Omega' . \Delta \alpha^2 + D_\alpha D_{\alpha'} \Omega' . \Delta \alpha \Delta \alpha' + \frac{1}{2} D_{\alpha'} \Omega' . \Delta \alpha'^2\right) + \ldots \\ & + \left(\begin{aligned} & D_\alpha D_\beta \Omega' . \Delta \alpha \Delta \beta + D_\alpha D_{\beta'} \Omega' . \Delta \alpha \Delta \beta' \\ & + D_{\alpha'} D_\beta \Omega' . \Delta \alpha' \Delta \beta + D_{\alpha'} D_{\beta'} \Omega' . \Delta \alpha' \Delta \beta' \end{aligned}\right) + \ldots . \end{aligned} \right.$$

Les valeurs qu'il faudra substituer dans cette formule sont

$$\Delta \zeta = A . \int\int \Omega' dt^2, \quad \Delta \zeta_{,} = A_{,} . \int\int D_{\zeta_{,}} \Omega . dt^2, \ldots,$$

$$\Delta \alpha = - \int D_{\alpha'} \Omega . dt, \quad \Delta \alpha' = \int D_\alpha \Omega . dt, \ldots,$$

$$\begin{aligned}
\Delta^2\zeta = {} & A' \,.\iint dt^2\left(\Omega' \,.\int \Omega' dt\right) + A^2 \,.\iint dt^2\left(D_\zeta \Omega' \,.\iint \Omega' dt^2\right) \\
& + AA_, \,.\iint dt^2\left(D_{\zeta_,} \Omega' \,.\iint D_{\zeta_,} \Omega \,.\, dt^2\right) + \ldots \\
& + A \,.\iint dt^2\left(D_{\alpha'} \Omega' \,.\int D_\alpha \Omega \,.\, dt - D_\alpha \Omega' \,.\int D_{\alpha'} \Omega\, dt\right) + \ldots,
\end{aligned}$$

$$\begin{aligned}
\Delta^2\zeta_, = {} & A'_, \,.\iint dt^2\left(D_{\zeta_,} \Omega \,.\int D_{\zeta_,} \Omega\, dt\right) + AA_, \,.\iint dt^2\left(D_{\zeta_,} \Omega' \,.\iint \Omega' dt^2\right) \\
& + A_,^2 \,.\iint dt^2\left(D^2_{\zeta_,} \Omega \,.\iint D_{\zeta_,} \Omega\, dt^2\right) \\
& + A_, A_{,,} \,.\iint dt^2\left(D_{\zeta_,} D_{\zeta_{,,}} \Omega \,.\iint D_{\zeta_{,,}} \Omega\, dt^2\right) + \ldots \\
& + A_, \,.\iint dt^2\left(D_{\alpha'} D_{\zeta_,} \Omega \,.\int D_\alpha \Omega\, dt - D_\alpha D_{\zeta_,} \Omega \,.\int D_{\alpha'} \Omega\, dt\right) + \ldots,
\end{aligned}$$

$$\begin{aligned}
\Delta^2\alpha = {} & - A \,.\int dt\left(D_{\alpha'} \Omega \,.\iint \Omega' dt^2\right) \\
& - A_, \,.\int dt\left(D_{\alpha'} D_{\zeta_,} \Omega \,.\iint D_{\zeta_,} \Omega\, dt^2\right) + \ldots \\
& - \int dt\left(D^2_{\alpha'} \Omega \,.\int D_\alpha \Omega\, dt - D_\alpha D_{\alpha'} \Omega \,.\int D_{\alpha'} \Omega\, dt\right) - \ldots \\
& - \int dt\left(D_{\alpha'} D_{\beta'} \Omega \,.\int D_\beta \Omega\, dt - D_{\alpha'} D_\beta \Omega \,.\int D_{\beta'} \Omega\, dt\right) - \ldots,
\end{aligned}$$

$$\begin{aligned}
\Delta^2\alpha' = {} & A \,.\int dt\left(D_\alpha \Omega' \,.\iint \Omega' dt^2\right) \\
& + A_, \,.\int dt\left(D_\alpha D_{\zeta_,} \Omega \,.\iint D_{\zeta_,} \Omega\, dt^2\right) + \ldots \\
& + \int dt\left(D_\alpha D_{\alpha'} \Omega \,.\int D_\alpha \Omega\, dt - D^2_\alpha \Omega \,.\int D_{\alpha'} \Omega\, dt\right) + \ldots\ldots \\
& + \int dt\left(D_\alpha D_{\beta'} \Omega \,.\int D_\beta \Omega\, dt - D_\alpha D_\beta \Omega' \,.\int D_{\beta'} \Omega\, dt\right) + \ldots\ldots
\end{aligned}$$

etc.

Substituant ces valeurs dans la formule (196) et faisant, pour abréger,

$$\begin{aligned}
\zeta(\alpha', \alpha) = {} & D_\zeta \Omega' \,.\iint dt^2\left(D_{\alpha'} \Omega' \,.\int D_\alpha \Omega\, dt\right) \\
& - D_\alpha \Omega' \,.\int dt\left(D_{\alpha'} \Omega' \,.\iint \Omega' dt^2\right) \\
& + D_{\alpha'} D_\zeta \Omega' \,.\left(\int D_\alpha \Omega\, dt\right) \cdot \left(\iint \Omega' dt^2\right),
\end{aligned}$$

$$\begin{aligned}
\zeta_{,}(\alpha', \alpha) = {} & \mathrm{D}_{\zeta_{,}} \Omega' . \iint dt^2 \left(\mathrm{D}_{\alpha'} \mathrm{D}_{\zeta_{,}} \Omega . \int \mathrm{D}_{\alpha} \Omega \, dt \right) \\
& - \mathrm{D}_{\alpha} \Omega' . \int dt \left(\mathrm{D}_{\alpha'} \mathrm{D}_{\zeta_{,}} \Omega . \iint \mathrm{D}_{\zeta_{,}} \Omega \, dt^2 \right) \\
& + \mathrm{D}_{\alpha'} \mathrm{D}_{\zeta_{,}} \Omega' . \left(\int \mathrm{D}_{\alpha} \Omega \, dt \right) \cdot \left(\iint \mathrm{D}_{\zeta_{,}} \Omega \, dt^2 \right),
\end{aligned}$$

$$\begin{aligned}
(\alpha\alpha', \alpha, \alpha') = {} & \mathrm{D}_{\alpha} \mathrm{D}_{\alpha'} \Omega' . \left(\int \mathrm{D}_{\alpha} \Omega \, dt \right) \cdot \left(\int \mathrm{D}_{\alpha'} \Omega \, dt \right) \\
& - \mathrm{D}_{\alpha} \Omega' . \int dt \left(\mathrm{D}_{\alpha} \mathrm{D}_{\alpha'} \Omega . \int \mathrm{D}_{\alpha'} \Omega \, dt \right) \\
& - \mathrm{D}_{\alpha'} \Omega' . \int dt \left(\mathrm{D}_{\alpha} \mathrm{D}_{\alpha'} \Omega . \int \mathrm{D}_{\alpha} \Omega \, dt \right),
\end{aligned}$$

$$(\alpha^2, \alpha') = \frac{1}{2} \mathrm{D}_{\alpha}^2 \Omega' . \left(\int \mathrm{D}_{\alpha'} \Omega \, dt \right)^2 - \mathrm{D}_{\alpha'} \Omega . \int dt \left(\mathrm{D}_{\alpha}^2 \Omega . \int \mathrm{D}_{\alpha'} \Omega \, dt \right),$$

les combinaisons analogues se déduisant de celles-ci par les changements de lettres, il vient

$$\frac{d^2 . \Delta^3 \zeta}{dt^2} =$$

$$(1) \ \mathrm{AA}' . \mathrm{D}_{\zeta} \Omega . \iint dt^2 \left(\Omega' . \int \Omega' dt \right)$$

$$(2) + \mathrm{AA}'_{,} . \mathrm{D}_{\zeta_{,}} \Omega' . \iint dt^2 \left(\mathrm{D}_{\zeta_{,}} \Omega . \int \mathrm{D}_{\zeta_{,}} \Omega \, dt \right) + \ldots$$

$$(3) + \mathrm{A}^3 \left[\mathrm{D}_{\zeta} \Omega' . \iint dt^2 \left(\mathrm{D}_{\zeta} \Omega' . \iint \Omega' dt^2 \right) + \frac{1}{2} \mathrm{D}_{\zeta}^2 \Omega' . \left(\iint \Omega' dt^2 \right)^2 \right]$$

$$(4) + \mathrm{AA}_{,}^2 \left[\begin{array}{l} \mathrm{D}_{\zeta_{,}} \Omega' . \iint dt^2 \left(\mathrm{D}_{\zeta_{,}}^2 \Omega . \iint \mathrm{D}_{\zeta_{,}} \Omega \, dt^2 \right) \\ + \frac{1}{2} \mathrm{D}_{\zeta_{,}}^2 \Omega' . \left(\iint \mathrm{D}_{\zeta_{,}} \Omega \, dt^2 \right)^2 \end{array} \right] + \ldots$$

$$(5) + \mathrm{A}^2 \mathrm{A}_{,} \left\{ \begin{array}{l} \mathrm{D}_{\zeta} \Omega' . \iint dt^2 \left(\mathrm{D}_{\zeta_{,}} \Omega' . \iint \mathrm{D}_{\zeta_{,}} \Omega \, dt^2 \right) \\ + \mathrm{D}_{\zeta_{,}} \Omega' . \iint dt^2 \left(\mathrm{D}_{\zeta_{,}} \Omega' . \iint \Omega' dt^2 \right) \\ + \mathrm{D}_{\zeta} \mathrm{D}_{\zeta_{,}} \Omega' . \left(\iint \Omega' dt^2 \right) \cdot \left(\iint \mathrm{D}_{\zeta_{,}} \Omega \, dt^2 \right) \end{array} \right\} + \ldots$$

$$(6) + \mathrm{AA}_{,} \mathrm{A}_{,,} . \mathrm{D}_{\zeta_{,}} \Omega' . \iint dt^2 \left(\mathrm{D}_{\zeta_{,}} \mathrm{D}_{\zeta_{,,}} \Omega . \iint \mathrm{D}_{\zeta_{,,}} \Omega \, dt^2 \right) + \ldots$$

$$(7) + \mathrm{A}^2 \left[\zeta (\alpha', \alpha) - \zeta (\alpha, \alpha') + \ldots \right]$$

$$(8)\ +\mathrm{AA}_{,}\left[\zeta_{,}(\alpha',\alpha)-\zeta\alpha_{,}(,\alpha')+\ldots\right]+\ldots$$

$$(9)\ -\mathrm{A}\left[\begin{array}{l}(\alpha\alpha',\alpha,\alpha')-(\alpha\beta,\beta',\alpha')+(\alpha\beta,\beta,\alpha')-(\alpha'\beta',\beta,\alpha)\\+(\alpha'\beta,\beta',\alpha)+(\beta\beta',\beta,\beta')\end{array}\right]-\ldots$$

$$(10)\ +\mathrm{A}\left[(\alpha^2,\alpha')+(\alpha'^2,\alpha)+\ldots\right].$$

Remarquons d'abord que, chaque terme de Ω ne dépendant que de deux moyens mouvements différents, il n'y a pas, dans l'expression précédente, de termes de la forme $D_\zeta D_{\zeta_,} D_{\zeta_{''}} \Omega$.

Ensuite il est facile de voir que les produits dans lesquels il entre trois moyens mouvements différents ne peuvent donner de termes non périodiques. En effet, si l'on fait le produit des trois termes

$$\mathrm{L}\cos(i\zeta+i_,\zeta_,+p),\quad \mathrm{M}\cos(j\zeta+j_,\zeta_,+q),\quad \mathrm{N}\cos(k\zeta+k_{''}\zeta_{''}+r),$$

il en résultera un terme de la forme

$$\mathrm{K}\cos[(i+j+k)\zeta+(i_,+j_,)\zeta_,+k_{''}\zeta_{''}+p+q+r],$$

d'où le temps ne peut disparaître que si l'on a séparément

$$i+j+k=0,\quad i_,+j_,=0,\quad k_{''}=0,$$

et alors le moyen mouvement $\zeta_{''}$ ne peut entrer dans ce produit.

Examinons maintenant en particulier chacun des termes du développement précédent.

(1). Considérons trois termes quelconques de Ω,

$$\Omega=\mathrm{L}\cos(\lambda t+p)+\mathrm{M}\cos(\mu t+q)+\mathrm{N}\cos(\nu t+r),$$

où l'on fait, pour abréger,

$$in+i_,n_,=\lambda,\quad jn+j_,n_,=\mu,\quad kn+k_,n_,=\nu.$$

De la combinaison de ces trois termes, il résultera un terme ayant pour argument

$$u=(\lambda+\mu+\nu)t+p+q+r,$$

et d'où le temps ne pourra disparaître que si l'on a

$$(197)\qquad \lambda+\mu+\nu=0,$$

ce qui entraîne la condition

$$i+j+k=0.$$

On a maintenant, en n'ayant égard qu'à l'argument u,

$$D_\zeta \Omega' . \int\int dt^2 \left(\Omega' . \int \Omega' \, dt\right) = \frac{1}{4} \frac{i^2 jk}{\nu(\mu+\nu)^2} . \text{LMN} \sin u.$$

Puisque le temps doit disparaître de ce terme, on peut, par l'équation (197), y remplacer $\mu + \nu$ par $-\lambda$. En permutant les lettres, on a ainsi, pour l'ensemble des termes en $\sin u$,

$$\frac{1}{4} ijk \left(\frac{i}{\lambda^2 \nu} + \frac{i}{\lambda^2 \mu} + \frac{j}{\mu^2 \lambda} + \frac{j}{\mu^2 \nu} + \frac{k}{\nu^2 \mu} + \frac{k}{\nu^2 \lambda}\right) \text{LMN} \sin u.$$

La parenthèse se réduit à

$$-\frac{1}{\lambda\mu\nu}\left[\frac{(\mu+\nu)i}{\lambda} + \frac{(\nu+\lambda)j}{\mu} + \frac{(\lambda+\mu)k}{\nu}\right] = \frac{1}{\lambda\mu\nu}(i+j+k) = 0.$$

Donc le terme supposé non périodique disparaît.

Ceci convient également aux autres parties de la valeur de cette quantité; car elles sont de même forme que celle qui renferme $\sin u$, et elles s'en déduisent en changeant les signes de i, j, k, $i_{,}$, $j_{,}$, $k_{,}$, ou en établissant entre ces nombres des rapports d'égalité. On peut donc conclure que la première partie ne renferme aucun terme non périodique.

(2). Les mêmes choses étant posées, on a

$$D_{\zeta_{,}} \Omega' . \int\int dt^2 \left(D_{\zeta_{,}} \Omega . \int D_{\zeta_{,}} \Omega \, dt\right) = \frac{1}{4} \frac{i i_{,} j_{,} k_{,}}{\nu(\mu+\nu)^2} . \text{LMN} \sin u,$$

d'où l'on conclut de même que le terme complet en $\sin u$ est

$$\frac{1}{4} \frac{i_{,} j_{,} k_{,}}{\lambda\mu\nu}(i+j+k) . \text{LMN} \sin u = 0.$$

Cette partie ne renferme donc aucun terme non périodique.

(3). On a, à cause de $\mu + \nu = -\lambda, \ldots$,

$$D_\zeta \Omega' . \int\int dt^2 \left(D_\zeta \Omega' . \int\int \Omega' \, dt^2\right) = -\frac{1}{4} \frac{i^2 j^2 k}{\lambda^2 \nu^2} . \text{LMN} \sin u,$$

$$\frac{1}{2} D_\zeta^2 \Omega' . \left(\int\int \Omega' \, dt^2\right)^2 = -\frac{1}{4} \frac{i^3 jk}{\mu^2 \nu^2} . \text{LMN} \sin u,$$

d'où l'on conclut, pour le terme complet en $\sin u$ provenant de cette troisième partie,

$$-\frac{1}{4} ijk \left[\begin{array}{l} \frac{ij}{\lambda^2 \nu^2} + \frac{ik}{\lambda^2 \mu^2} + \frac{i^2}{\mu^2 \nu^2} + \frac{jk}{\mu^2 \lambda^2} + \frac{ji}{\mu^2 \nu^2} \\ + \frac{j^2}{\nu^2 \lambda^2} + \frac{ki}{\nu^2 \mu^2} + \frac{kj}{\nu^2 \lambda^2} + \frac{k^2}{\lambda^2 \mu^2} \end{array}\right] . \text{LMN} \sin u.$$

La parenthèse se réduit à

$$\left(\frac{i}{\mu^2\nu^2} + \frac{j}{\nu^2\lambda^2} + \frac{k}{\lambda^2\mu^2}\right)(i + j + k) = 0.$$

Donc cette partie ne renferme aucun terme non périodique.

(4). On trouve de même, pour le terme en $\sin u$ provenant de la quatrième partie,

$$-\frac{1}{4} i_, j_, k_, \left(\frac{i_,}{\mu^2\nu^2} + \frac{j_,}{\nu^2\lambda^2} + \frac{k_,}{\lambda^2\mu^2}\right)(i + j + k).\mathrm{LMN}\sin u = 0.$$

(5). La cinquième partie donne les termes

$$\mathrm{D}_\zeta \Omega'.\int\!\!\int dt^2 \left(\mathrm{D}_{\zeta_,} \Omega' \int\!\!\int \mathrm{D}_{\zeta_,} \Omega\, dt^2\right) = -\frac{1}{4}\frac{i^2 j j_, k_,}{\lambda^2\nu^2}\mathrm{LMN}\sin u,$$

$$\mathrm{D}_{\zeta_,} \Omega'.\int\!\!\int dt^2 \left(\mathrm{D}_{\zeta_,} \Omega' \int\!\!\int \Omega' dt^2\right) = -\frac{1}{4}\frac{i i_, j j_, k}{\lambda^2\nu^2}\mathrm{LMN}\sin u,$$

$$\mathrm{D}_{\zeta_,} \Omega'.\left(\int\!\!\int \Omega' dt^2\right).\left(\int\!\!\int \mathrm{D}_{\zeta_,} \Omega\, dt^2\right) = -\frac{1}{4}\frac{i^2 i_, j k_,}{\mu^2\nu^2}\mathrm{LMN}\sin u.$$

Rassemblant tous les termes qui s'en déduisent par des permutations de lettres, on a, pour le terme en $\sin u$,

$$-\frac{1}{4}\left\{\begin{array}{l} \dfrac{i^2 j j_, k_, + i j k i_, j_,}{\lambda^2\nu^2} + \dfrac{i^2 k k_, j_, + i j k i_, k_,}{\lambda^2\mu^2} + \dfrac{i^2 j i_, k_, + i^2 k i_, j_,}{\mu^2\nu^2} \\ + \dfrac{j^2 k k_, i_, + j k i j_, k_,}{\mu^2\lambda^2} + \dfrac{j^2 i i_, k_, + j k i j_, i_,}{\mu^2\nu^2} + \dfrac{j^2 k j_, i_, + j^2 i j_, k_,}{\nu^2\lambda^2} \\ + \dfrac{k^2 i i_, j_, + k i j k_, i_,}{\nu^2\mu^2} + \dfrac{k^2 j j_, i_, + k i j k_, j_,}{\lambda^2\mu^2} + \dfrac{k^2 i k_, j_, + k^2 j k_, i_,}{\lambda^2\mu^2} \end{array}\right\}\mathrm{LMN}\sin u.$$

Si l'on rassemble les termes divisés par $\mu^2\nu^2$, on trouve

$$\frac{i i_,}{\mu^2\nu^2}(ijk_, + ikj_, + j^2k_, + jkj_, + k^2j_, + jkk_,) = \frac{i i_,}{\mu^2\nu^2}(jk_, + kj_,)(i + j + k) = 0,$$

et de même pour les autres.

(6). Dans chacun des termes de cette sixième partie, Ω se trouve différentié par rapport aux trois moyens mouvements ζ, $\zeta_,$, $\zeta_{,,}$. Aucun de ces trois moyens mouvements ne peut donc disparaître du produit, et par suite, d'après la remarque que nous avons faite, cette partie ne peut renfermer de termes non périodiques.

(7). Soient, en considérant un terme de chaque développement,

$$\Omega = \mathrm{L}\cos(\lambda t + p),\quad \mathrm{D}_{\alpha'}\Omega' = \mathrm{M}\cos(\mu t + q),\quad \mathrm{D}_\alpha \Omega = \mathrm{N}\cos(\nu t + r).$$

les trois termes de $\zeta\,(\alpha', \alpha)$ donnent

$$D_\zeta\,\Omega'.\int\!\!\int dt^2\left(D_{\alpha'}\Omega'\int D_\alpha\Omega\,dt\right)=\frac{1}{4}\,\frac{i^2}{\lambda^2\nu}\,\text{LMN}\sin u,$$

$$-\,D_\alpha\,\Omega'.\int dt\left(D_{\alpha'}\Omega'.\int\!\!\int\Omega'\,dt^2\right)=\frac{1}{4}\,\frac{ik}{\lambda^2\nu}\,\text{LMN}\sin u,$$

$$D_{\alpha'}D_\zeta\,\Omega'.\left(\int D_\alpha\,\Omega\,dt\right).\left(\int\!\!\int\Omega'\,dt^2\right)=\frac{1}{4}\,\frac{ij}{\lambda^2\nu}\,\text{LMN}\sin u,$$

et, par suite,

$$\zeta\,(\alpha', \alpha)=\frac{1}{4}\,\frac{i(i+j+k)}{\lambda^2\nu}\,\text{LMN}\sin u=0.$$

(8). De même

$$\zeta_{,}\,(\alpha', \alpha)=\frac{1}{4}\,\frac{i_{,}(i+j+k)}{\lambda^2\nu}\,\text{LMN}\sin u=0.$$

(9). Posons

$$D_\alpha D_{\alpha'}\,\Omega=\text{L}\cos(\lambda t+p),\quad D_{\alpha'}\,\Omega=\text{M}\cos(\mu t+q),\quad D_\alpha\,\Omega=\text{N}\cos(\nu t+r).$$

Les trois termes de $(\alpha\alpha', \alpha, \alpha')$ donnent

$$D_\alpha D_{\alpha'}\,\Omega'.\left(\int D_\alpha\Omega\,dt\right)\cdot\left(\int D_{\alpha'}\Omega\,dt\right)=\frac{1}{4}\,\frac{i}{\mu\nu}\,\text{LMN}\sin u,$$

$$-\,D_\alpha\Omega'.\int dt\left(D_\alpha D_{\alpha'}\Omega.\int D_{\alpha'}\Omega\,dt\right)=\frac{1}{4}\,\frac{j}{\mu\nu}\,\text{LMN}\sin u,$$

$$-\,D_{\alpha'}\,\Omega'.\int dt\left(D_\alpha D_{\alpha'}\Omega.\int D_\alpha\,\Omega\,dt\right)=\frac{1}{4}\,\frac{k}{\mu\nu}\,\text{LMN}\sin u,$$

d'où résulte

$$(\alpha\alpha', \alpha, \alpha')=\frac{1}{4}\,\frac{i+j+k}{\mu\nu}\,\text{LMN}\sin u=0;$$

et de même pour toutes les autres combinaisons de même forme.

(10). Il est aisé de voir que les combinaisons (α^2, α') rentrent, comme cas particuliers, dans les précédentes, et, par conséquent, ne renferment aucun terme non périodique.

Donc $\frac{d^2.\Delta^3\zeta}{dt^2}$ ne renferme que des termes périodiques.

§ XXXI.

Pour obtenir une vérification directe de l'identité des perturbations des coordonnées dans les deux systèmes, calculons la partie de la perturbation du rayon vecteur qui provient des termes qui diffèrent dans les deux fonctions perturbatrices, en nous bornant aux premières puissances des excentricités.

Développons d'abord en série de cosinus d'angles proportionnels aux temps l'expression

$$\Omega = \xi'\xi'_{,} + \eta'\eta'_{,} + \zeta'\zeta'_{,},$$

où il faut remplacer ξ', η', ζ', $\xi'_{,}$, etc., par leurs valeurs elliptiques

$$\xi' = \frac{M}{\mu}\frac{dx}{dt}, \quad \eta' = \frac{M}{\mu}\frac{dy}{dt}, \quad \zeta' = \frac{M}{\mu}\frac{dz}{dt}, \quad \xi'_{,} = \frac{M}{\mu_{,}}\frac{dx_{,}}{dt}, \text{ etc.},$$

ce qui donne

$$\Omega = \frac{M^2}{\mu\mu_{,}} \cdot \frac{dx\,dx_{,} + dy\,dy_{,} + dz\,dz_{,}}{dt^2}.$$

Des formules

$$x = r\left[\cos v + 2\sin^2\frac{\varphi}{2}\sin\theta\sin(v-\theta)\right],$$

$$y = r\left[\sin v - 2\sin^2\frac{\varphi}{2}\cos\theta\sin(v-\theta)\right],$$

$$z = r\sin\varphi\,(v-\theta),$$

on tire, en développant r et v par les formules connues, et négligeant les termes du troisième ordre

$$\frac{\xi'}{a} = -\frac{M}{\mu}n\left[\begin{array}{l}\sin l + e\sin(2l-\varpi) - \frac{1}{2}e^2\sin l + \frac{1}{8}e^2\sin(l-2\varpi)\\ \quad + \frac{9}{8}e^2\sin(3l-2\varpi) - 2\sin^2\frac{\varphi}{2}\sin\theta\cos(l-\theta)\end{array}\right],$$

$$\frac{\eta'}{a} = \frac{M}{\mu}n\left[\begin{array}{l}\cos l + e\cos(2l-\varpi) - \frac{1}{2}e^2\cos l - \frac{1}{8}e^2\cos(l-2\varpi)\\ \quad + \frac{9}{8}e^2\cos(3l-2\varpi) - 2\sin^2\frac{\varphi}{2}\cos\theta\cos(l-\theta)\end{array}\right],$$

$$\frac{\zeta'}{a} = \frac{M}{\mu}n\sin\varphi\cos(l-\theta).$$

Ces valeurs, provenant d'une différentiation, ne peuvent contenir aucun terme constant. Il est clair que la multiplication par les quantités analogues relatives à $m_{,}$, n'amènera pas d'autres termes constants, puisque deux multiples de moyens mouvements différents ne sauraient se détruire. Donc la partie de la fonction perturbatrice que nous considérons, non plus que la partie correspondante $\frac{xx_{,} + yy_{,} + zz_{,}}{r_{,}^{3}}$ dans l'ellipse ordinaire, ne peut produire de variations séculaires des éléments. Donc les variations séculaires des éléments sont les mêmes dans les deux systèmes.

Formant les quantités analogues relatives à $m_{,}$, et substituant toutes ces valeurs dans l'expression de $\Omega_{,}$, il vient

$$\Omega = \frac{M^2 ana_{,}n_{,}}{\mu\mu_{,}} \left\{ \begin{aligned} &\left(1 - \frac{e^2 + e_{,}^2}{2} - \sin^2\frac{\varphi}{2} - \sin^2\frac{\varphi_{,}}{2}\right)\cos(l_{,} - l) \\ &+ \frac{1}{2}\sin\varphi\sin\varphi_{,}\cos(l_{,} - l - \theta_{,} + \theta) \\ &+ ee_{,}\cos(2l_{,} - 2l - \varpi_{,} + \varpi) \\ &+ e\cos(2l - l_{,} - \varpi) + e_{,}\cos(2l_{,} - l - \varpi_{,}) \\ &- \frac{1}{8}e^2\cos(l + l_{,} - 2\varpi) - \frac{1}{8}e_{,}^2\cos(l + l_{,} - 2\varpi_{,}) \\ &- \sin^2\frac{\varphi}{2}\cos(l + l_{,} - 2\theta) - \sin^2\frac{\varphi_{,}}{2}\cos(l + l_{,} - 2\theta_{,}) \\ &+ \frac{1}{2}\sin\varphi\sin\varphi_{,}\cos(l + l_{,} - \theta - \theta_{,}) \\ &+ \frac{9}{8}e^2\cos(3l - l_{,} - 2\varpi) + \frac{9}{8}e_{,}^2\cos(3l_{,} - l - 2\varpi_{,}) \end{aligned} \right\}.$$

En appliquant les formules du § XXVII, et faisant, pour abréger,

$$l_{,} - l = \lambda, \quad n_{,} - n = \nu, \quad \frac{M^2 ana_{,}n'}{\mu\mu_{,}} = f, \quad \text{d'où} \quad aD_a f = -\frac{1}{2}f,$$

on a, pour les variations des éléments, aux termes près du second ordre,

$$\Delta\zeta = -3m_{,}an^2 f \left\{ \begin{aligned} &\frac{1}{\nu^2}\sin\lambda - \frac{2}{(n-\nu)^2}e\sin(l - \lambda - \varpi) \\ &+ \frac{1}{(2\nu + n)^2}e_{,}\sin(2\lambda + l - \varpi_{,}) \end{aligned} \right\},$$

$$\Delta\varepsilon = -m_{,}anf \left\{ \begin{aligned} &\frac{1}{\nu}\sin\lambda + \frac{3}{2}\frac{1}{n-\nu}e\sin(l - \lambda - \varpi) \\ &+ \frac{1}{2\nu + n}e_{,}\sin(2\lambda + l - \varpi_{,}) \end{aligned} \right\},$$

$$\Delta a = 2m_{,}a^2 nf \left\{ \begin{aligned} &\frac{1}{\nu}\cos\lambda - \frac{2}{n-\nu}e\cos(l - \lambda - \varpi) \\ &+ \frac{1}{2\nu + n}e_{,}\cos(2\lambda + l - \varpi_{,}) \end{aligned} \right\},$$

$$\Delta e = m_{,} a n f \left\{ \begin{aligned} & - \frac{1}{n-\nu} \cos(l - \lambda - \varpi) - \frac{1}{2\nu} e \cos\lambda \\ & + \frac{1}{4} \frac{1}{\nu + 2n} e \cos(\lambda + 2l - 2\varpi) \\ & + \frac{9}{4} \frac{1}{\nu - 2n} e \cos(2l - \lambda - 2\varpi) \\ & + \frac{1}{2\nu} e_{,} \cos(2\lambda - \varpi_{,} + \varpi) \end{aligned} \right\},$$

$$e\Delta\varpi = m_{,} a n f \left\{ \begin{aligned} & - \frac{1}{n-\nu} \sin(l - \lambda - \varpi) + \frac{1}{\nu} e \sin\lambda \\ & + \frac{1}{4} \frac{1}{\nu + 2n} e \sin(\lambda + 2l - 2\varpi) \\ & + \frac{9}{4} \frac{1}{\nu - 2n} e \sin(2l - \lambda - 2\varpi) \\ & - \frac{1}{2\nu} e_{,} \sin(2\lambda - \varpi_{,} + \varpi) \end{aligned} \right\},$$

substituant ces valeurs dans la formule

$$\begin{aligned} \frac{\Delta r}{a} = & \frac{\Delta a}{a} [1 - e\cos(l - \varpi)] + \Delta l . e \sin(l - \varpi) \\ & + \Delta e [e - \cos(l - \varpi) - e \cos 2(l - \varpi)] \\ & - e\Delta\varpi [\sin(l - \varpi) + e \sin 2(l - \varpi)], \end{aligned}$$

il vient

$$(198) \quad \Delta r = m_{,} a^2 n f \left\{ \begin{aligned} & \frac{2n-\nu}{\nu(n-\nu)} \cos\lambda + \frac{3n^3 - \nu n^2 + \nu^3}{\nu^2(n-\nu)(\nu+2n)} e \cos(l_{,} - \varpi) \\ & + \frac{\nu^3 - 4\nu^2 n + \nu n^2 - 3n^3}{\nu^2(n-\nu)(2n-\nu)} e \cos(l - \lambda - \varpi) \\ & + \frac{2\nu - n}{2\nu(2\nu + n)} e_{,} \cos(2\lambda + l - \varpi_{,}) \end{aligned} \right\}.$$

Dans les formules de Laplace $A^{(\pm 1)}$ et $a . D_a A^{(\pm 1)}$ sont augmentés de la quantité

$$c = \frac{a}{a_{,}^2};$$

en n'ayant égard qu'à la partie qui provient de c, on trouve, par exemple,

$$\Delta a = \frac{2 m_{,} a^2 n c}{\mu} \left[\begin{aligned} & \frac{1}{\nu} \cos\lambda - \frac{1}{n-\nu} e \cos(l - \lambda - \varpi) \\ & + \frac{2}{2\nu + n} + e_{,} \cos(2\lambda\, l - \varpi_{,}) \end{aligned} \right],$$

valeur essentiellement différente de celle qui provient de la formule de M. Hamilton.

Substituant cette valeur et celles des variations des autres éléments dans l'expression de Δr, on trouve la même parenthèse que dans la formule (198), multipliée par le facteur

$$\frac{m_, a^2 n^2 c}{\mu n_,}.$$

Or on a

$$\frac{cn}{\mu n_,} = \frac{a\,n}{a_,^2 n_, \mu} = \frac{an \,.\, a_, n_,}{\mu \mu_,} = f;$$

d'où résulte l'identité des deux valeurs de Δr.

On vérifierait de même l'identité des valeurs obtenues par les deux méthodes pour les perturbations de la longitude vraie et de la latitude.

Vu et approuvé,
Le 7 juillet 1855,
Le Doyen de la Faculté des Sciences,
MILNE EDWARDS.

Permis d'imprimer,
Le 7 juillet 1855,
Le Vice-Recteur de l'Académie de Paris,
CAYX.

THÈSE

D'ASTRONOMIE.

14

TABLE DES MATIÈRES.

TABLE DES MATIÈRES.

THÈSE D'ASTRONOMIE.

APPLICATION DE LA MÉTHODE DE M. HAMILTON AU CALCUL DES PERTURBATIONS DE JUPITER.

§ I.

Soient m la planète troublée; a, ε, e, ϖ, φ, θ les éléments dont l'acception est connue (voir la *Mécanique céleste*); $\zeta = \int n dt$ le moyen mouvement; l la longitude moyenne; $T = l - \varpi$ l'anomalie moyenne. Désignons par les mêmes lettres accentuées ce qui est relatif à la planète perturbatrice. Soit enfin R la fonction perturbatrice.

On simplifie beaucoup le calcul des perturbations en prenant pour plan fixe le plan de l'orbite primitive de l'une des deux planètes, de la planète perturbatrice par exemple. Soient Π la longitude du nœud ascendant de l'orbite de m sur l'orbite de m', comptée à partir du nœud ascendant de l'orbite de m' sur l'écliptique de 1800; γ l'inclinaison mutuelle des deux orbites. On commencera par déterminer ces angles en fonction de φ, θ, φ', θ', par la résolution du triangle sphérique formé par les trois nœuds ascendants de l'orbite de m sur l'écliptique, de l'orbite de m' sur l'écliptique, et de l'orbite de m sur l'orbite de m'.

Cela posé, en posant, pour abréger,

$$e = \sin\psi, \quad m'an = k,$$

les formules qui donneront les perturbations des éléments de m seront (voyez la *Thèse de Mécanique*, page 87)

(1) $$D_t^2\zeta = 3kn.D_t R;$$

(2) $$D_t a = -2ka.D_t R;$$

$$(3)\quad \begin{cases} \delta\varepsilon = \delta_1\varepsilon + \delta_2\varepsilon + \delta_3\varepsilon, \\ D_t\delta_1\varepsilon = 2ka\,.\,D_a R, \\ \delta_2\varepsilon = \operatorname{tang}\frac{\psi}{2}\,.\,e\delta_1\varpi, \\ \delta_3\varepsilon = \operatorname{tang}\frac{\gamma}{2}\,.\,\sin\gamma\delta\Pi\,; \end{cases}$$

$$(4)\quad \begin{cases} \delta e = \delta_1 e + \delta_2 e, \\ D_t\delta_1 e = \frac{k}{\operatorname{tang}\psi}\,.\,D_\varpi R, \\ \delta_2 e = -\frac{1}{2a}\cos\psi\operatorname{tang}\frac{\psi}{2}\,.\,\delta a\,; \end{cases}$$

$$(5)\quad \begin{cases} \delta\varpi = \delta_1\varpi + \delta_2\varpi, \\ D_t\delta_1\varpi = -\frac{k}{\operatorname{tang}\psi}\,.\,D_e R, \\ \delta_2\varpi = \operatorname{tang}\frac{\gamma}{2}\,.\,\sin\gamma\delta\Pi\,; \end{cases}$$

$$(6)\quad \begin{cases} \delta\gamma = \delta_1\gamma + \delta_2\gamma + \delta_3\gamma, \\ D_t\delta_1\gamma = \frac{k}{\cos\psi\sin\gamma}\,.\,D_\Pi R, \\ \delta_2\gamma = -\frac{\operatorname{tang}\frac{\gamma}{2}}{2a\cos\psi}\,.\,\delta a, \\ \delta_3\gamma = \operatorname{tang}\frac{\gamma}{2}\,.\,\frac{\sin\psi}{\cos^2\psi}\,.\,\delta_1 e\,; \end{cases}$$

$$(7)\quad D_t\Pi = -\frac{k}{\cos\psi\sin\gamma}\,.\,D_\gamma R.$$

Dans ces formules, les angles ε, ϖ sont comptés, ainsi que l'angle Π, à partir du nœud ascendant de l'orbite de m' sur l'écliptique, rabattu sur l'orbite de m. Pour en déduire les variations $\delta\varepsilon$, $\delta\varpi$ rapportées à l'équinoxe de 1800, on ajoutera aux valeurs données par les formules précédentes la correction

$$(8)\quad \left(\sin^2\frac{\varphi}{2} - \sin^2\frac{\varphi'}{2} - \sin^2\frac{\gamma}{2}\right)\operatorname{séc}^2\frac{\gamma}{2}\,\delta\Pi + \sin\Omega\operatorname{tang}\frac{\varphi}{2}\,\delta\gamma,$$

Ω étant l'arc compris entre les nœuds ascendants de m sur l'écliptique et sur l'orbite de m'.

Connaissant $\delta\gamma$, $\sin\gamma\delta\Pi$, on en déduira les variations de φ, θ, Ω par les formules suivantes (*Additions à la Connaissance des Temps* pour 1849, page 15) :

$$(9)\qquad \delta\varphi = -\sin\Omega.\sin\gamma\,\delta\Pi + \cos\Omega.\delta\gamma,$$

$$(10)\qquad \sin\varphi\,\delta\theta = \cos\Omega.\sin\gamma\,\delta\Pi + \sin\Omega.\delta\gamma,$$

$$(11)\qquad \sin\varphi\,\delta\Omega = \cos(\theta-\theta').\sin\varphi'\,\delta\Pi - \sin\Omega\cos\varphi.\delta\gamma.$$

§ II.

La fonction perturbatrice qui entre dans nos formules est la fonction

$$(1)\qquad R = \frac{1}{\mu\mu'}(D_t x\, D_t x' + D_t y\, D_t y' + D_t z\, D_t z') - \frac{1}{\rho},$$

x, y, z, x', y', z' étant les coordonnées rectangulaires de m, m'; μ, μ' les sommes $1+m$, $1+m'$, et ρ la distance mutuelle des deux planètes.

Les coordonnées rectangles sont liées aux coordonnées polaires par les formules

$$(2)\qquad \left\{\begin{aligned} x &= r\left[\cos v + 2\sin^2\frac{\varphi}{2}\sin\theta.\sin(v-\theta)\right],\\ y &= r\left[\sin v - 2\sin^2\frac{\varphi}{2}\cos\theta.\sin(v-\theta)\right],\\ z &= r\sin\varphi\sin(v-\theta). \end{aligned}\right.$$

Différentiant ces formules et les formules analogues qui donnent x', y', z', en ayant égard aux formules

$$r^2 dv = \frac{a(1-e^2)}{e\sin(v-\varpi)}\,dr = an\sqrt{1-e^2}\,dt,$$

et substituant ces valeurs dans la partie

$$(3)\qquad \mathfrak{R} = \frac{1}{\mu\mu'}(D_t x\, D_t x' + D_t y\, D_t y' + D_t z\, D_t z'),$$

après avoir fait

$$\varphi' = 0,\quad \varphi = \gamma,\quad \theta = \Pi,$$

il vient

$$(4)\qquad \mathfrak{R} = \frac{ana'n'}{\mu\mu'\cos\psi\cos\psi'}\left\{\begin{aligned} &\cos^2\frac{\gamma}{2}\left[\begin{aligned} &\cos(v'-v) + e\cos(v'-\varpi) + e'\cos(v-\varpi')\\ &\qquad + ee'\cos(\varpi'-\varpi)\end{aligned}\right]\\ &-\sin^2\frac{\gamma}{2}\left[\begin{aligned} &\cos(v'+v-2\Pi) + e\cos(v'+\varpi-2\Pi)\\ &+ e'\cos(v+\varpi'-2\Pi) + ee'\cos(\varpi+\varpi'-2\Pi)\end{aligned}\right]\end{aligned}\right\};$$

il ne reste qu'à substituer dans cette expression les valeurs de v, v' en fonction des longitudes moyennes. On trouve ainsi, en conservant tous les termes qui ne dépassent pas le quatrième ordre par rapport aux excentricités et aux inclinaisons, ainsi que les termes du cinquième ordre relatifs à l'argument $5l' - 2l$,

$$\frac{\mu\mu'}{ana'n'}\,\mathfrak{R} = \cos(l'-l)$$

$$- \frac{1}{2}(e^2+e'^2)\cos(l'-l) - \sin^2\frac{1}{2}\gamma\cos(l'-l) + ee'\cos(2l'-2l-\varpi'+\varpi)$$

$$+ \left[-\frac{1}{64}(e^4+e'^4) + \frac{e^2e'^2}{4} + \frac{1}{2}(e^2+e'^2)\sin^2\frac{1}{2}\gamma\right]\cos(l'-l)$$

$$+ \frac{1}{64}e^2e'^2\cos(l'-l-2\varpi'+2\varpi) + \frac{1}{8}e^2\sin^2\frac{1}{2}\gamma\cos(l'-l+2\varpi-2\Pi)$$

$$+ \frac{1}{8}e'^2\sin^2\frac{1}{2}\gamma\cos(l'-l-2\varpi'+2\Pi)$$

$$- \left[\frac{3}{4}(e^2+e'^2) + \sin^2\frac{1}{2}\gamma\right]ee'\cos(2l'-2l-\varpi'+\varpi)$$

$$+ \frac{81}{64}e^2e'^2\cos(3l'-3l-2\varpi'+2\varpi)$$

$$+ e\cos(2l-l'-\varpi) + e'\cos(2l'-l-\varpi')$$

$$- e\left(\frac{3}{4}e^2 + \frac{1}{2}e'^2 + \sin^2\frac{1}{2}\gamma\right)\cos(2l-l'-\varpi)$$

$$- e'\left(\frac{3}{4}e'^2 + \frac{1}{2}e^2 + \sin^2\frac{1}{2}\gamma\right)\cos(2l'-l-\varpi')$$

$$+ \frac{9}{8}e^2e'\cos(3l-2l'-2\varpi+\varpi') + \frac{9}{8}ee'^2\cos(3l'-2l-2\varpi'+\varpi)$$

$$- \frac{1}{8}e^2\cos(l'+l-2\varpi) - \frac{1}{8}e'^2\cos(l'+l-2\varpi') - \sin^2\frac{1}{2}\gamma\cos(l'+l-2\Pi)$$

$$+ \frac{9}{8}e^2\cos(3l-l'-2\varpi) + \frac{9}{8}e'^2\cos(3l'-l-2\varpi')$$

$$+ \left[\frac{1}{48}(3e'^2-e^2) + \frac{1}{8}\sin^2\frac{1}{2}\gamma\right]e^2\cos(l'+l-2\varpi)$$

$$+ \left[\frac{1}{48}(3e^2-e'^2) + \frac{1}{8}\sin^2\frac{1}{2}\gamma\right]e'^2\cos(l'+l-2\varpi')$$

$$+ \frac{1}{2}(e^2+e'^2)\sin^2\frac{1}{2}\gamma\cos(l'+l-2\Pi)$$

$$- \frac{9}{8}\left(e^2 + \frac{1}{2}e'^2 + \sin^2\frac{1}{2}\gamma\right)e^2\cos(3l-l'-2\varpi)$$

$$- \frac{9}{8}\left(e'^2 + \frac{1}{2}e^2 + \sin^2\frac{1}{2}\gamma\right)e'^2\cos(3l'-l-2\varpi')$$

$$+ \frac{4}{3}e^3e'\cos(4l-2l'-3\varpi+\varpi') + \frac{4}{3}ee'^3\cos(4l'-2l-3\varpi'+\varpi)$$

$$+\frac{4}{3}e^3\cos(4l-l'-3\varpi)+\frac{4}{3}e'^3\cos(4l'-l-3\varpi')$$
$$-\frac{1}{12}e^3\cos(l'+2l-3\varpi)-\frac{1}{12}e'^3\cos(2l'+l-3\varpi')$$
$$-\frac{1}{8}ee'^2\cos(l'+2l-\varpi-2\varpi')-\frac{1}{8}e^2e'\cos(2l'+l-2\varpi-\varpi')$$
$$-e\sin^2\frac{1}{2}\gamma\cos(l'+2l-\varpi-2\varpi')-e'\sin^2\frac{1}{2}\gamma\cos(2l'+l-\varpi'-2\Pi)$$
$$+\frac{625}{384}e^4e'\cos(5l-2l'-4\varpi+\varpi')+\frac{625}{384}ee'^4\cos(5l'-2l-4\varpi'+\varpi)$$
$$-\frac{9}{128}e^4\cos(l'+3l-4\varpi)-\frac{9}{128}e'^4\cos(3l'+l-4\varpi')$$
$$-\frac{9}{8}e^2\sin^2\frac{1}{2}\gamma\cos(l'+3l-2\varpi-2\Pi)-\frac{9}{8}e'^2\sin^2\frac{1}{2}\gamma\cos(3l'+l-2\varpi'-2\Pi)$$
$$-\frac{9}{64}e^2e'^2\cos(l'+3l-2\varpi'-2\varpi)-\frac{9}{64}e^2e'^2\cos(3l'+l-2\varpi'-2\varpi)$$
$$-\frac{1}{12}e^3e'\cos(2l'+2l-3\varpi-\varpi')-\frac{1}{12}ee'^3\cos(2l'+2l-\varpi-3\varpi')$$
$$-ee'\sin^2\frac{1}{2}\gamma\cos(2l'+2l-\varpi-\varpi'-2\Pi)$$
$$+\frac{625}{384}e^4\cos(5l-l'-4\varpi)+\frac{625}{384}e'^4\cos(5l'-l-4\varpi').$$

On peut remarquer que, dans cette expression, les termes constants ont disparu. Cela tient à ce que, si l'on développe $D_t x$, $D_t y$, $D_t z$ en fonction de la longitude moyenne, ces expressions, qui auraient pu s'obtenir en différentiant les développements de x, y, z, ne peuvent contenir de terme constant; et que d'ailleurs, en combinant leurs termes avec ceux de $D_t x'$, $D_t y'$, $D_t z'$, les longitudes moyennes des deux planètes ne peuvent disparaître, par suite de l'incommensurabilité supposée des deux moyens mouvements.

On voit en même temps pour quelle raison $\mathfrak{R}$ ne contient aucun terme dépendant d'une seule des deux longitudes moyennes l ou l'.

Le développement de la partie $-\frac{1}{\rho}$ a été donné, mais avec un assez grand nombre d'inexactitudes, par Burckhardt, dans les *Mémoires de l'Institut* pour 1808, et, depuis, par M. de Pontécoulant, dans le tome III de la *Théorie analytique du système du monde*. Malgré les nombreuses corrections faites dans ce dernier ouvrage au travail de Burckhardt, il restait encore des erreurs assez graves, et j'ai dû reprendre les calculs dans leur entier, en les complétant des termes omis qui dépendent de l'inclinaison mutuelle des orbites. Je transcrirai ici seulement les termes que j'ai calculés pour la première fois et ceux auxquels j'ai fait des corrections importantes, et je renverrai pour les autres à l'ouvrage de M. de Pontécoulant.

Soient $\alpha = \frac{a}{a'}$ le rapport du grand axe de la planète inférieure au grand axe de la planète supérieure; $\lambda = l' - l$ la différence des longitudes moyennes. Posons (le signe Σ s'étendant à toutes les valeurs entières, positives, nulles ou négatives de l'indice i)

$$1 - 2\alpha \cos\lambda + \alpha^2 = V,$$

$$V^{-\frac{1}{2}} = \frac{1}{2}\Sigma \mathrm{a}_i \cos i\lambda, \quad V^{-\frac{3}{2}} = \frac{1}{2}\Sigma \mathrm{b}_i \cos i\lambda, \quad V^{-\frac{5}{2}} = \frac{1}{2}\Sigma \mathrm{c}_i \cos i\lambda,$$

et soit, pour abréger,

$$\mathrm{b}_{i-1} + \mathrm{b}_{i+1} = \mathrm{B}_i, \quad \mathrm{c}_{i-1} + \mathrm{c}_{i+1} = \mathrm{C}_i,$$

$$\alpha \mathrm{D}_\alpha \mathrm{a}_i = \mathrm{a}'_i, \quad \alpha^2 \mathrm{D}^2_\alpha \mathrm{a}_i = \mathrm{a}''_i, \quad \alpha^3 \mathrm{D}^3_\alpha \mathrm{a}_i = \mathrm{a}'''_i, \ldots,$$

et de même pour les autres.

1°. *Termes du troisième ordre ressemblant à ceux du premier.* — Soit

$$\begin{aligned}\frac{1}{\rho} = {} & \frac{\alpha}{4a'} e \sin^2 \frac{1}{2}\gamma \Sigma \mathrm{M}^{(0)}_i \cos(i\lambda + l - \varpi) \\ & - \frac{\alpha}{4a'} e' \sin^2 \frac{1}{2}\gamma \Sigma \mathrm{M}^{(1)}_{i-1} \cos(i\lambda + l - \varpi') \\ & + \frac{\alpha}{4a'} e \sin^2 \frac{1}{2}\gamma \Sigma \mathrm{N}^{(0)}_{i-1} \cos(i\lambda + l + \varpi - 2\Pi) \\ & - \frac{\alpha}{4a'} e' \sin^2 \frac{1}{2}\gamma \Sigma \mathrm{N}^{(1)}_i \cos(i\lambda + l + \varpi' - 2\Pi).\end{aligned}$$

On aura

$$\mathrm{M}^{(0)}_i = (2i+1)\mathrm{B}_i + \mathrm{B}'_i, \quad \mathrm{N}^{(0)}_i = (2i-3)\mathrm{b}_i - \mathrm{b}'_i,$$

$$\mathrm{M}^{(1)}_i = (2i+2)\mathrm{B}_i + \mathrm{B}'_i, \quad \mathrm{N}^{(1)}_i = 2i\,\mathrm{b}_i - \mathrm{b}'_i.$$

2°. *Termes du quatrième ordre.* — Il faut diviser par 2 les valeurs de $\mathrm{N}^{(0)}$, $\mathrm{N}^{(1)}$, $\mathrm{N}^{(2)}$, données à la page 34 du volume cité.

3°. *Termes du quatrième ordre semblables à ceux du second.* — Soit

$$\frac{1}{\rho} =$$

$$- \frac{\alpha}{16a'} e^2 \sin^2 \frac{1}{2}\gamma \Sigma M_i^{(0)} \cos(i\lambda + 2l - 2\varpi)$$

$$+ \frac{\alpha}{8a'} ee' \sin^2 \frac{1}{2}\gamma \Sigma M_{i-1}^{(1)} \cos(i\lambda + 2l - \varpi - \varpi')$$

$$- \frac{\alpha}{16a'} e'^2 \sin^2 \frac{1}{2}\gamma \Sigma M_{i-2}^{(2)} \cos(i\lambda + 2l - 2\varpi')$$

$$+ \frac{\alpha}{8a'} ee' \sin^2 \frac{1}{2}\gamma \Sigma N_i^{(0)} \cos(i\lambda + 2l - \varpi + \varpi' - 2\Pi)$$

$$- \Sigma\left[\frac{\alpha}{8a'} \sin^2 \frac{1}{2}\gamma \left(e^2 N_{i-1}^{(1)} + e'^2 N_{i-1}^{(2)}\right) + \frac{3\alpha^2}{4a'} \sin^4 \frac{1}{2}\gamma C_{i-1}\right] \cos(i\lambda + 2l - 2\Pi)$$

$$+ \frac{\alpha}{8a'} ee' \sin^2 \frac{1}{2}\gamma \Sigma N_{i-2}^{(3)} \cos(i\lambda + 2l + \varpi - \varpi' - 2\Pi).$$

On aura

$$M_i^{(0)} = (4i^2 - i - 2) B_i + 4i B'_i + B''_i, \quad N_i^{(0)} = (4i^2 - 2i) b_i - b''_i,$$

$$M_i^{(1)} = (4i^2 + 6i + 2) B_i + 4(i+1) B'_i + B''_i, \; N_i^{(1)} = [4(i-1)^2 - 2] b_i - 4 b'_i - b''_i,$$

$$M_i^{(2)} = (4i^2 + 13i + 10) B_i + 4(i+2) B'_i + B''_i, \; N_i^{(2)} = [4(i+1)^2 - 2] b_i - 4 b'_i - b''_i,$$

$$N_i^{(3)} = (4i^2 + 2i - 12) b_i - 8 b_i - b''_i.$$

4°. *Termes du quatrième ordre semblables à ceux de l'ordre zéro.* — Soit

$$\frac{1}{\rho} = \Sigma\left[\frac{\alpha}{8a'}(e^2 + e'^2) \sin^2 \frac{1}{2}\gamma M_{i-1}^{(0)} + \frac{3\alpha^2}{4a'} \sin^4 \frac{1}{2}\gamma M_{i-1}^{(1)}\right] \cos i\lambda$$

$$- \frac{\alpha}{8a'} ee' \sin^2 \frac{1}{2}\gamma \Sigma M_{i-1}^{(2)} \cos(i\lambda + \varpi - \varpi')$$

$$+ \frac{\alpha}{16a'} e^2 \sin^2 \frac{1}{2}\gamma \Sigma N_{i-1}^{(0)} \cos(i\lambda + 2\varpi - 2\Pi)$$

$$- \frac{\alpha}{8a'} ee' \sin^2 \frac{1}{2}\gamma \Sigma N_i^{(1)} \cos(i\lambda + \varpi + \varpi' - 2\Pi)$$

$$+ \frac{\alpha}{16a'} e'^2 \sin^2 \frac{1}{2}\gamma \Sigma N_{i+1}^{(2)} \cos(i\lambda + 2\varpi' - 2\Pi),$$

on aura

$$M_i^{(0)} = (4i^2+8i+2)b_i - 4b'_i - b''_i,\quad N_i^{(0)} = (4i^2-7i+1)b_i - 4(i-1)b'_i + b''_i,$$

$$M_i^{(1)} = 2c_{i+1} + c_{i-1},\qquad N_i^{(1)} = (4i^2-6i)b_i - 4(i-1)b'_i + b''_i,$$

$$M_i^{(2)} = (4i^2+2i-2)B_i - 4B'_i - B''_i,\quad N_i^{(2)} = (4i^2-5i+1)b_i - 4(i-1)b'_i + b''_i.$$

5°. *Termes du cinquième ordre.* — Dans la valeur de $N^{(1)}$, page 36, ligne 22, au lieu de $-8(i-2)$, il faut lire $-30(i-2)$; et, dans la valeur de $N^{(2)}$, ligne 25, au lieu de $+19$, il faut lire -27.

6°. *Termes du cinquième ordre semblables à ceux du troisième.* — A la page 50, ligne 7, au lieu de

$$48i^4 - 108i^3 + 36i^2,$$

il faut lire

$$48i^4 - 124i^3 + 72i^2 + 2i - 18;$$

et à la page 51, lignes 3 et 4, au lieu de

$$48(i-2)^4 + 188(i-2)^3 + 252(i-2)^2 + 146(i-2) + 32,$$

il faut lire

$$48(i-2)^4 + 188(i-2)^3 + 180(i-2)^2 + 8(i-2) - 16.$$

Enfin, aux termes multipliés par la quatrième puissance de l'inclinaison mutuelle, il faut joindre les suivants :

$$+\frac{3\alpha^2}{8a'} e \sin^4 \frac{1}{2}\gamma \,.\, \Sigma\{2(i-1)C_{i-1} + C'_{i-1}\}\cos(i\lambda + 3l - \varpi - 2\Pi)$$

$$-\frac{3\alpha^2}{8a'} e' \sin^4 \frac{1}{2}\gamma \,.\, \Sigma\{[2(i-2)+5]C_{i-2} + C'_{i-2}\}\cos(i\lambda + 3l - \varpi' - 2\Pi).$$

7°. *Termes du cinquième ordre semblables à ceux du premier.* — Soit

$$\frac{1}{\rho} = -\frac{e^3 e'^2}{384 a'} \Sigma L_{i+2}^{(0)} \cos(i\lambda + l - 3\varpi + 2\varpi')$$

$$+\Sigma \left\{ \begin{array}{l} \dfrac{e^4 e'}{192 a'} L_{i+1}^{(1)} + \dfrac{e^2 e'^3}{128 a'} L_{i+1}^{(2)} \\ + \dfrac{\alpha}{32 a'} e^2 e' \sin^2 \dfrac{1}{2}\gamma . M_{i+1}^{(0)} \end{array} \right\} \cos(i\lambda - 2\varpi + \varpi')$$

$$
- \Sigma \left\{ \begin{array}{l}
\quad \frac{e^5}{384\,a'}\,\mathrm{L}_i^{(3)} + \frac{e^3 e'^2}{64\,a'}\,\mathrm{L}_i^{(4)} + \frac{e e'^4}{128\,a'}\,\mathrm{L}_i^{(5)} \\
\quad \frac{\alpha}{32\,a'}\,e^3 \sin^2 \frac{1}{2}\gamma.\mathrm{M}_i^{(1)} + \frac{\alpha}{16\,a'}\,e e'^2 \sin^2 \frac{1}{2}\gamma.\mathrm{M}_i^{(2)} \\
+ \frac{3\,\alpha^2}{16\,a'}\,e \sin^4 \frac{1}{2}\gamma.\mathrm{N}_i^{(0)}
\end{array} \right\} \cos(i\lambda + l - \varpi)
$$

$$
+ \Sigma \left\{ \begin{array}{l}
\quad \frac{e^4 e'}{128\,a'}\,\mathrm{L}_{i-1}^{(6)} + \frac{e^2 e'^3}{64\,a'}\,\mathrm{L}_{i-1}^{(7)} + \frac{e'^5}{384\,a'}\,\mathrm{L}_{i-1}^{(8)} \\
\quad \frac{\alpha}{16\,a'}\,e e'^2 \sin^2 \frac{1}{2}\gamma.\mathrm{M}_{i-1}^{(3)} + \frac{\alpha}{32\,a'}\,e'^3 \sin^2 \frac{1}{2}\gamma.\mathrm{M}_{i-1}^{(4)} \\
+ \frac{3\,\alpha^2}{16\,a'}\,e' \sin^4 \frac{1}{2}\gamma.\mathrm{N}_{i-1}^{(1)}
\end{array} \right\} \cos(i\lambda + l - \varpi')
$$

$$
- \Sigma \left\{ \begin{array}{l}
\quad \frac{e^3 e'^2}{128\,a'}\,\mathrm{L}_{i-2}^{(9)} + \frac{e e'^4}{192\,a'}\,\mathrm{L}_{i-2}^{(10)} \\
+ \frac{\alpha}{32\,a'}\,e e'^2 \sin^2 \frac{1}{2}\gamma.\mathrm{M}_{i-2}^{(5)}
\end{array} \right\} \cos(i\lambda + l + \varpi - 2\,\varpi')
$$

$$
+ \frac{e^2 e'^3}{384\,a'}\,\Sigma\,\mathrm{L}_{i-3}^{(11)} \cos(i\lambda + l + 2\,\varpi - 3\,\varpi')
$$

$$
- \frac{a}{32\,a'}\,e^2 e' \sin^2 \frac{1}{2}\gamma.\Sigma\,\mathrm{O}_{i-2}^{(0)} \cos(i\lambda + l + 2\,\varpi - \varpi' - 2\,\Pi)
$$

$$
- \Sigma \left\{ \begin{array}{l}
\quad \frac{\alpha}{32\,a'}\,e^3 \sin^2 \frac{1}{2}\gamma.\mathrm{O}_{i-1}^{(1)} + \frac{\alpha}{16\,a'}\,e e'^2 \sin^2 \frac{1}{2}\gamma.\mathrm{O}_{i-1}^{(2)} \\
+ \frac{3\,\alpha^2}{8\,a'}\,e \sin^4 \frac{1}{2}\gamma.\mathrm{P}_{i-1}^{(0)}
\end{array} \right\} \cos(i\lambda + l + \varpi - 2\,\Pi)
$$

$$
+ \Sigma \left\{ \begin{array}{l}
\quad \frac{\alpha}{16\,a'}\,e^2 e' \sin^2 \frac{1}{2}\gamma.\mathrm{O}_i^{(3)} + \frac{\alpha}{32\,a'}\,e'^3 \sin^2 \frac{1}{2}\gamma.\mathrm{O}_i^{(4)} \\
+ \frac{3\,\alpha^2}{8\,a'}\,e' \sin^4 \frac{1}{2}\gamma.\mathrm{P}_i^{(1)}
\end{array} \right\} \cos(i\lambda + l + \varpi' - 2\,\Pi)
$$

$$
- \frac{\alpha}{32\,a'}\,e e'^2 \sin^2 \frac{1}{2}\gamma.\Sigma\,\mathrm{O}_{i+1}^{(5)} \cos(i\lambda + l - \varpi + 2\,\varpi' - 2\,\Pi)
$$

$$
- \frac{\alpha}{96\,a'}\,e^3 \sin^2 \frac{1}{2}\gamma.\Sigma\,\mathrm{Q}_{i+1}^{(0)} \cos(i\lambda + l - 3\,\varpi + 2\,\Pi)
$$

$$
+ \frac{\alpha}{32\,a'}\,e^2 e' \sin^2 \frac{1}{2}\gamma.\Sigma\,\mathrm{Q}_i^{(1)} \cos(i\lambda + l - 2\,\varpi - \varpi' + 2\,\Pi)
$$

$$
- \frac{\alpha}{32\,a'}\,e e'^2 \sin^2 \frac{1}{2}\gamma.\Sigma\,\mathrm{Q}_{i-1}^{(2)} \cos(i\lambda + l - \varpi - 2\,\varpi' + 2\,\Pi)
$$

$$
+ \frac{\alpha}{96\,a'}\,e'^3 \sin^2 \frac{1}{2}\gamma.\Sigma\,\mathrm{Q}_{i-2}^{(3)} \cos(i\lambda + l - 3\,\varpi' + 2\,\Pi).
$$

On aura

$$\begin{aligned}
L_i^{(0)} = {} & 32i^5 - 192i^4 + 406i^3 - 354i^2 + 104i)\,a_i \\
& + (16i^4 - 96i^3 + 223i^2 - 231i + 90)\,a_i' \\
& - (16i^3 - 48i^2 + 16i + 36)\,a_i'' - (8i^2 - 36i + 23)\,a_i''' \\
& + (2i + 6)\,a_i^{\text{iv}} + a_i^{\text{v}},
\end{aligned}$$

$$\begin{aligned}
L_i^{(1)} = {} & (32i^5 - 136i^4 + 188i^3 - 108i^2 + 22i)\,a_i \\
& + (16i^4 - 68i^3 + 124i^2 - 102i + 32)\,a_i' - (16i^3 - 30i^2 - 5i + 20)\,a_i'' \\
& - (8i^2 - 25i + 12)\,a_i''' + (2i + 5)\,a_i^{\text{iv}} + a_i^{\text{v}},
\end{aligned}$$

$$\begin{aligned}
L_i^{(2)} = {} & (32i^5 - 96i^4 + 90i^3 - 29i^2 + 5i)\,a_i \\
& + (16i^4 - 72i^3 + 85i^2 - 19i - 12)\,a_i' - (16i^3 - 4i^2 - 58i + 15)\,a_i'' \\
& - (8i^2 - 30i - 21)\,a_i''' + (2i + 11)\,a_i^{\text{iv}} + a_i^{\text{v}},
\end{aligned}$$

$$\begin{aligned}
L_i^{(3)} = {} & (32i^5 - 80i^4 + 26i^3 + 12i^2 + 10i)\,a_i \\
& + (16i^4 - 40i^3 + 37i^2 - 18i + 5)\,a_i' - (16i^3 - 12i^2 - 8i + 4)\,a_i'' \\
& - (8i^2 - 14i + 6)\,a_i''' + (2i + 4)\,a_i^{\text{iv}} + a_i^{\text{v}},
\end{aligned}$$

$$\begin{aligned}
L_i^{(4)} = {} & (32i^5 - 40i^4 + 8i^3)\,a_i + (16i^4 - 44i^3 + 24i^2 + 10i - 6)\,a_i' \\
& - (16i^3 + 14i^2 - 38i)\,a_i'' - (8i^2 - 19i - 21)\,a_i''' + (2i + 10)\,a_i^{\text{iv}} + a_i^{\text{v}},
\end{aligned}$$

$$\begin{aligned}
L_i^{(5)} = {} & (32i^5 - 34i^3)\,a_i + (16i^4 - 48i^3 - 41i^2 + 48i + 24)\,a_i' \\
& - (16i^3 + 40i^2 - 72i - 96)\,a_i'' - (8i^2 - 24i - 72)\,a_i''' \\
& + (2i + 16)\,a_i^{\text{iv}} + a_i^{\text{v}},
\end{aligned}$$

$$\begin{aligned}
L_i^{(6)} = {} & (32i^5 + 16i^4 - 18i^3 - 9i^2)\,a_i + (16i^4 - 16i^3 - 25i^2)\,a_i' \\
& - (16i^3 + 32i^2)\,a_i'' - (8i^2 - 8i - 16)\,a_i''' + (2i + 9)\,a_i^{\text{iv}} + a_i^{\text{v}},
\end{aligned}$$

$$\begin{aligned}
L_i^{(7)} = {} & (32i^5 + 56i^4 + 20i^3 + 4i^2)\,a_i + (16i^4 - 20i^3 - 64i^2 - 8i + 12)\,a_i' \\
& - (16i^3 + 58i^2 - 11i - 69)\,a_i'' - (8i^2 - 13i - 61)\,a_i''' \\
& + (2i + 15)\,a_i^{\text{iv}} + a_i^{\text{v}},
\end{aligned}$$

$$L_i^{(8)} = (32i^5 + 96i^4 + 34i^3 - 47i^2 + 8i + 1)\,a_i$$
$$+ (16i^4 - 24i^3 - 155i^2 - 10i + 129)\,a_i'$$
$$- (16i^3 + 84i^2 - 26i - 262)\,a_i'' - (8i^2 - 18i - 130)\,a_i'''$$
$$+ (2i + 21)\,a_i^{\text{iv}} + a_i^{\text{v}},$$

$$L_i^{(9)} = (32i^5 + 112i^4 + 130i^3 + 58i^2 + 8i)\,a_i$$
$$+ (16i^4 + 8i^3 - 75i^2 - 97i - 30)\,a_i' - (16i^3 + 76i^2 + 68i - 12)\,a_i''$$
$$- (8i^2 - 2i - 45)\,a_i''' + (2i + 14)\,a_i^{\text{iv}} + a_i^{\text{v}},$$

$$L_i^{(10)} = (32i^5 + 152i^4 + 224i^3 + 124i^2 + 32i)\,a_i$$
$$+ (16i^4 + 4i^3 - 140i^2 - 136i + 16)\,a_i'$$
$$- (16i^3 + 102i^2 + 76i - 152)\,a_i'' - (8i^2 - 7i - 108)\,a_i'''$$
$$+ (2i + 20)\,a_i^{\text{iv}} + a_i^{\text{v}},$$

$$L_i^{(11)} = (32i^5 + 208i^4 + 470i^3 + 433i^2 + 135i)\,a_i$$
$$+ (16i^4 + 32i^3 - 113i^2 - 289i - 156)\,a_i' - (16i^3 + 120i^2 + 196i + 3)\,a_i''$$
$$- (8i^2 + 4i - 81)\,a_i''' + (2i + 19)\,a_i^{\text{iv}} + a_i^{\text{v}};$$

$$M_i^{(0)} = (8i^3 - 10i^2 - 2i + 4)\,B_i + (4i^2 - 11i + 2)\,B_i' - (2i + 4)\,B_i'' - B_i''',$$

$$M_i^{(1)} = (8i^3 - 6i^2 - 5i + 3)\,B_i + (4i^2 - 11i - 1)\,B_i' - (2i + 5)\,B_i'' - B_i''',$$

$$M_i^{(2)} = (8i^3 + 4i^2 - 4i - 2)\,B_i + (4i^2 - 8i - 10)\,B_i' - (2i + 7)\,B_i'' - B_i''',$$

$$M_i^{(3)} = (8i^3 + 8i^2 - 4i - 8)\,B_i + (4i^2 - 8i - 18)\,B_i' - (2i + 8)\,B_i'' - B_i''',$$

$$M_i^{(4)} = (8i^3 + 18i^2 + 4i - 6)\,B_i + (4i^2 - 5i - 21)\,B_i' - (2i + 10)\,B_i'' - B_i''',$$

$$M_i^{(5)} = (8i^3 + 22i^2 + 7i - 10)\,B_i + (4i^2 - 5i - 26)\,B_i' - (2i + 11)\,B_i'' - B_i''';$$

$$N_i^{(0)} = (2i + 1)(4c_i + c_{i-2} + c_{i+2}) + 4c_i' + c_{i-2}' + c_{i+2}',$$

$$N_i^{(1)} = (2i - 3)(4c_i + c_{i-2} + c_{i+2}) + 4c_i' + c_{i-2}' + c_{i+2}';$$

b..

$$O^{(0)}_i = (8i^3 - 2i^2 - 26i)\,b_i - (4i^2 + 19i - 21)\,b'_i - (2i - 10)\,b''_i + b'''_i,$$

$$O^{(1)}_i = (8i^3 - 18i^2 + 7i)\,b_i - (4i^2 + 3i - 8)\,b'_i - (2i - 7)\,b''_i + b'''_i,$$

$$O^{(2)}_i = (8i^3 + 4i^2 - 20i - 6)\,b_i - (4i^2 + 16i - 14)\,b'_i - (2i - 9)\,b''_i + b'''_i,$$

$$O^{(3)}_i = (8i^3 - 16i^2 + 4i)\,b_i - (4i^2 - 2)\,b'_i - (2i - 6)\,b''_i + b'''_i,$$

$$O^{(4)}_i = (8i^3 + 6i^2 - 8i)\,b_i - (4i^2 + 13i - 12)\,b'_i - (2i - 8)\,b''_i + b'''_i,$$

$$O^{(5)}_i = (8i^2 - 14i^2 + 7i - 1)\,b_i - (4i^2 - 3i - 1)\,b'_i - (2i - 5)\,b''_i + b'''_i;$$

$$P^{(0)}_i = (2i - 4)\,C_i - C'_i,$$

$$P^{(1)}_i = (2i - 1)\,C_i - C'_i;$$

$$Q^{(0)}_i = (8i^3 + 6i^2 - 13i - 2)\,b_i + (12i^2 + 9i - 6)\,b'_i + (6i + 3)\,b''_i + b'''_i;$$

$$Q^{(1)}_i = (8i^3 + 14i^2 + 2i)\,b_i + (12i^2 + 19i + 5)\,b'_i + (6i + 6)\,b''_i + b'''_i,$$

$$Q^{(2)}_i = (8i^3 + 22i^2 + 17i + 3)\,b_i + (12i^2 + 29i + 17)\,b'_i + (6i + 9)\,b''_i + b'''_i,$$

$$Q^{(3)}_i = (8i^3 + 30i^2 + 32i + 8)\,b_i + (12i^2 + 39i + 30)\,b'_i + (6i + 12)\,b''_i + b'''_i.$$

8°. *Termes du sixième ordre* — Voici les corrections à faire aux formules données par M. de Pontécoulant.

Pages.	Lignes.	Au lieu de :	Lisez :
37,	20,	$-27925\,i^3$, ...	$-29835\,i^3$;
38,	2,	$-5930\,(i-1)^3$, ...	$-4930\,(i-1)^3$;
38,	5,	$+2775\,(i-1)^2$, ...	$+2835\,(i-1)^2$;
38,	11,	$+61\,(i-2)^3$, ...	$+1243\,(i-2)^3$;
38,	13,	$+1910\,(i-2)^2$, ...	$+2006\,(i-2)^2$;
38,	14,	$-915\,(i-2)^2$, ...	$-819\,(i-2)^2$;
38,	22,	$-2130\,(i-3)^2$, ...	$-1914\,(i-3)^2$;
38,	23,	$-345\,(i-3)^2$, ...	$-237\,(i-3)^2$;
39,	2,	$+1271\,(i-4)^3 - 2302\,(i-4)^2$..	$+89\,(i-4)^3 - 2206\,(i-4)^2$;
39,	4,	$+2350\,(i-4)^2$, ...	$+2638\,(i-4)^2$;

Pages.	Lignes.	Au lieu de :	Lisez :
39,	5,	$+ 4485(i-4)^2$, ...	$+ 4581(i-4)^2$;
39,	11,	$+15110(i-5)^3+16228(i-5)^2$,	$+14110(i-5)^3+16348(i-5)^2$;
39,	13,	$+33718(i-5)^2$, ...	$+33950(i-5)^2$;
39,	14,	$+13575(i-5)^2$, ...	$+13635(i-5)^2$;
39,	20,	$+50185(i-6)^3$, ...	$+52095(i-6)^3$;
40,	18,	$+ 108(i-2)-130$, ...	$+ 204(i-2)-64$;
40,	19,	$- 280(i-2)+488$, ...	$+ 88(i-2)+104$;
40,	20,	$- 69(i-2)+66$, ...	$- 21(i-2)-30$;
40,	22,	$- 37(i-3)^2$, ...	$- 69(i-3)^2$;
40,	23,	$+ 193$, ...	$+ 81$;
40,	24,	$+ 24$, ...	$- 120$;
41,	2,	$+ 140(i-4)-284$, ...	$+ 264(i-4)-256$;
41,	3,	$+ 532(i-4)+420$, ...	$+ 560(i-4)+256$;
41,	4,	$+ 189(i-4)+276$, ...	$+ 141(i-4)+180$;
41,	16,	$- 5i$, ...	$- 29i$;
41,	17,	$- 14(i-1)-8$, ...	$- 6(i-1)-18$;
41,	17,	$4(i-1)-6$, ...	$4(i-1)+2$;
41,	17,	changez le signe du second membre [*].	

§ III.

Nous commencerons par le calcul des perturbations de Jupiter, produites par Saturne et proportionnelles à la première puissance de sa masse. Nous adopterons les valeurs des éléments donnés, pour le 1er janvier 1800, par l'*Annuaire du Bureau des Longitudes* de 1853.

Le grand axe se déduit du temps T de la révolution sidérale par la formule

$$a = \sqrt[3]{\frac{\mu T^2}{\mu'' T''^2}}, \tag{1}$$

μ'', T″ étant relatifs à la Terre. On en tire, pour les logarithmes des moyennes distances de Jupiter et de Saturne,

$$\log a = 0{,}716.2369, \quad \log a' = 0{,}979.4963.$$

[*] Les calculs numériques qui suivent ont été faits sur les formules de M. de Pontécoulant. Mais je me suis assuré que les erreurs qui peuvent résulter de l'emploi de ces formules n'affectent pas d'une manière sensible l'exactitude des résultats.

En désignant par α le rapport $\frac{a}{a'}$, on a

$$\log \alpha = \bar{1},\ 736.740.62.$$

Si l'on pose

$$(2) \qquad \frac{ana'n'}{\mu\mu'} = \frac{g}{a'}, \quad \text{d'où} \quad g = \frac{\alpha n}{\mu n'},$$

on aura

$$\log g = 0{,}131.3610, \quad g = 1{,}353197, \quad \frac{g}{\alpha} = 2{,}480963.$$

J'ai pris les valeurs des quantités $b_s^{(i)}$ et de leurs dérivées dans le tableau publié par M. Le Verrier en 1843. Seulement la valeur que j'ai adoptée pour la masse de Saturne étant un peu différente, j'ai dû modifier légèrement les nombres de ce tableau. En faisant, pour plus de simplicité,

$$b_{\frac{1}{2}}^{(i)} = b_i, \quad \alpha D_\alpha b_{\frac{1}{2}}^{(i)} = b'_i, \quad \alpha^2 D_\alpha^2 b_{\frac{1}{2}}^{(i)} = b''_i, \ldots,$$

j'ai ajouté aux divers nombres les corrections données par les formules

$$(3) \qquad \delta b = b' \frac{\delta\alpha}{\alpha}, \quad \delta b' = (b' + b'') \frac{\delta\alpha}{\alpha}, \quad \delta b'' = (2b'' + b''') \frac{\delta\alpha}{\alpha}, \ldots$$

J'ai, de plus, augmenté ce tableau de quelques nombres, que j'ai calculés en partie par la méthode des séries de M. Le Verrier, en partie par les formules de Legendre. On forme ainsi le tableau suivant :

	b	b'	b''	b'''	b^{IV}	b^{V}	b^{VI}
$s = \frac{2}{1}$, $i =$ 0	2,180 330 9	0,441 319 1	0,855 786 0	1,969 614	7,476 580	36,069 4	218,9
1	0,620 813 7	0,809 118 3	0,759 887 6	2,091 332	7,433 632	36,395 7	219,4
2	0,257 767 5	0,603 007 1	1,047 946	2,083 614	7,735 512	36,797 3	221,9
3	0,118 062 4	0,396 495 9	1,051 880	2,509 350	7,965 074	38,001 4	225,6
4	0,056 610 3	0,247 400 2	0,871 878	2,769 864	8,969 276	39,428 9	232,2
5	0,027 877 7	0,149 937 0	0,685 802	2,707 543	10,065 721	42,856 3	240,8
6	0,013 970 3	0,089 191 1	0,495 196	2,400 729	10,582 51	47,577 1	256,5
7	0,007 087 9	0,052 371 5	0,342 291	1,978 225	10,305 05	51,547 4	279,9
8	0,003 629 3	0,030 458 6	0,229 147	1,542 04	9,364 96	53,146	305,1
9	0,001 871 6	0,017 584 4	0,149 699	1,151 45	8,030 75	51,789	324,1
10	0,000 970 7	0,010 092 7	0,095 93	0,830 95	6,559 0	47,922	329,5
11	0,000 505 7	0,005 765 4	0,060 52	0,583 44			

	b	b'	b''	b'''	b^{iv}
$s=\frac{3}{2}$, $i=$ 0	4,360 074	8,013 820	28,965 95	134,872 5	802,6
1	3,187 242	8,318 124	28,152 08	134,668 2	798,1
2	2,083 664	7,323 343	27,560 54	131,420	789
3	1,296 868	5,786 26	25,530 5	127,252	771
4	0,784 922	4,260 44	22,115 1	120,152	747
5	0,466 549	2,987 90	18,045 9	109,081	712
6	0,273 808	2,022 60	14,017 3	94,806	663
7	0,159 185	1,332 99	10,460 9	79,02	600
8	0,091 874	0,860 32	7,554 7	63,43	524
9	0,052 712	0,545 96	5,312 0	49,22	444
$s=\frac{5}{2}$, $i=$ 0	13,811 48	58,198			
2	9,915 80	51,927			
3	7,337	44,2			
4	5,160	35,5			
5	3,500	26,7			

§ IV.

La fonction R est composée de termes de la forme

(1) $$\text{H}\cos[i\lambda + (h + h' + 2k)l - h\varpi - h'\varpi' - 2k\Pi],$$

i, h, h', k étant des nombres entiers. Pour réduire ces termes à la forme

(2) $$\text{K}\cos(i'\text{T}' - i\text{T}) + \text{L}\sin(i'\text{T}' - i\text{T}),$$

on formera un tableau des cosinus et des tangentes des multiples de la différence

$$\omega = \varpi' - \varpi,$$

et des divers angles donnés par la formule

$$j\theta' - (j - 2k)\theta,$$

θ, θ' étant les distances $\varpi - \Pi$, $\varpi' - \Pi$ des périhélies à la commune intersection des orbites.

Si $k = 0$, le terme (1) pourra se mettre sous la forme

$$\text{H}\cos[i\text{T}' - (i - h - h')\text{T} + (i - h')\omega],$$

d'où l'on tire

$$\text{K} = \text{H}\cos(i - h')\omega, \quad \text{L} = -\text{K}\,\text{tang}(i - h')\omega.$$

Les termes pour lesquels $k > 1$ sont en général négligeables. Pour $k = 1$, le terme (1) peut s'écrire

$$H \cos[iT' - (i - h - h' - 2)T + (i - h')\aleph' - (i - h' - 2)\aleph],$$

d'où l'on tire de la même manière les valeurs de K, L.

La fonction R se compose de deux parties : l'une, que j'appellerai, pour abréger, *partie principale*, comprend les termes de l'ordre le moins élevé, par rapport aux excentricités et à l'inclinaison mutuelle, parmi tous ceux qui ont le même argument. Ces termes se présentent sous la forme

$$(3) \qquad H e^g e'^{g'} \sin^{2k}\frac{1}{2}\gamma \cos[i\lambda + (g + g' + 2k)l - g\varpi - g'\varpi' - 2k\Pi],$$

g, g', k étant des nombres entiers et positifs.

L'autre partie, que j'appellerai *partie secondaire*, comprend des termes de la forme

$$(4) \qquad H e^g e'^{g'} \sin^{2k}\frac{1}{2}\gamma \cos[i\lambda + jl - h\varpi - h'\varpi' - 2k'\Pi],$$

g, g', k étant toujours des nombres entiers et positifs, ainsi que j; h, h', k' étant des nombres entiers, positifs ou négatifs; ces différents nombres étant assujettis aux deux conditions : 1° que la différence $h + h' + 2k' - j$ soit nulle; 2° que la différence $g + g' + 2k - j$ soit un nombre positif et pair.

Le calcul de l'inclinaison mutuelle des deux orbites de Jupiter et de Saturne donne

$$\log \sin\frac{1}{2}\gamma = \bar{2},0389502$$

$$\aleph = 65^\circ 1' 24'' 12, \quad \aleph' = 143^\circ 1' 42'' 07, \quad \omega = \aleph' - \aleph = 78^\circ 0' 17'' 95.$$

Nous représenterons, pour abréger, par $(i' - i)$ l'argument $i'T' - iT$. Dans le tableau suivant et dans plusieurs autres, je mettrai les logarithmes à la place des nombres, en les faisant précéder du signe + ou du signe —, suivant que les nombres seront positifs ou négatifs.

§ V.

Voici le tableau de la valeur de R.

1°. Partie constante :

$$
\begin{array}{lll}
R = -\,\bar{1},057\,9962 & & \\
\quad -\,2,357\,5695\,(e^2+e'^2) & +\,\bar{2},474\,0119\,ee'\cos(\varpi'-\varpi) + \bar{2},959\,6293\,\sin^2\tfrac{1}{2}\gamma & \\
\quad -\,\bar{2},099\,54\,e^4 & & \\
\quad -\,\bar{1},083\,32\,e^2e'^2 & \multirow{3}{*}{$+\left\{\begin{array}{l}\bar{2},877\,48\,e^2\\ +\,\bar{1},176\,39\,e'^2\\ -\,\bar{1},925\,58\,\sin^2\tfrac{1}{2}\gamma\end{array}\right\}ee'\cos(\varpi'-\varpi)$} & -\,\bar{1},676\,79\,e^2\sin^2\tfrac{1}{2}\gamma\cos(2\varpi-2\Pi) \\
\quad -\,\bar{2},773\,70\,e'^4 & & +\,\bar{1},639\,64\,ee'\sin^2\tfrac{1}{2}\gamma\cos(\varpi+\varpi'-2\Pi) \\
\quad +\,\bar{1},685\,38\,(e^2+e'^2)\sin^2\tfrac{1}{2}\gamma & & -\,\bar{1},002\,63\,e'^2\sin^2\tfrac{1}{2}\gamma\cos(2\varpi'-2\Pi) \\
\quad -\,\bar{1},642\,50\,\sin^4\tfrac{1}{2}\gamma & -\,\bar{2},638\,38\,e^2e'^2\cos(2\varpi'-2\varpi). &
\end{array}
$$

2°. De chaque terme de la partie périodique

$$K\cos(i'T'-iT) + L\sin(i'T'-iT),$$

on déduit, par une double intégration,

$$\delta\zeta = -\frac{3\,ikn}{(i'n'-in)^2}\left[K\sin(i'T'-iT) - L\cos(i'T'-iT)\right].$$

Nous joindrons le tableau de la valeur de $\delta\zeta$ à celui de la partie périodique de R.

ARGUMENT.	R		$\delta\zeta$	
	Cosinus.	Sinus.	Sinus.	Cosinus.
			"	"
(1′ − 1)	$+\,\bar{2},205\,687$	$-\,\bar{2},874\,009$	− 41,40	− 192,64
(2′ − 2)	$+\,\bar{2},390\,23$	$+\,\bar{2},020\,88$	− 31,66	+ 13,52
(3′ − 3)	$+\,\bar{3},855\,36$	$-\,\bar{3},988\,48$	− 6,16	− 8,36
(4′ − 4)	$-\,\bar{3},570\,3$	$-\,\bar{3},632\,5$	+ 2,40	− 2,76
(5′ − 5)	$-\,\bar{3},381\,1$	$+\,\bar{3},103\,3$	+ 1,24	+ 0,65
(6′ − 6)	$+\,\bar{4},511$	$+\,\bar{3},106$	− 0,14	+ 0,55
(7′ − 6)	$+\,\bar{4},807$	$-\,\bar{6},514$	− 0,24	− 0,00
(8′ − 8)	$+\,\bar{5},89$	$-\,\bar{4},48$	− 0,03	− 0,10
(9′ − 9)	$-\,\bar{4},12$	$-\,\bar{5},88$	+ 0,04	− 0,02
(10′ − 10)	$-\,\bar{5},73$	$+\,\bar{5},77$	+ 0,01	+ 0,01

ARGUMENT.	R		δζ	
	Cosinus.	Sinus.	Sinus.	Cosinus.
			″	″
(1)	$+\bar{3}$,0019	$-\bar{4}$,7410	+ 0,92	+ 0,51
(1′)	$-\bar{3}$,8235	$-\bar{3}$,7044	»	»
(2 − 1′)	$+\bar{4}$,8687	$+\bar{3}$,7633	+ 0,53	− 4,18
(2′ − 1)	$-\bar{3}$,570854	$-\bar{3}$,239587	+ 90,40	− 42,16
(3 − 2′)	$+\bar{4}$,8132	$-\bar{4}$ 9391	+ 0,37	+ 0,50
(3′ − 2)	$+\bar{3}$,537315	$+\bar{3}$,648235	− 10,11	+ 13,05
(4 − 3′)	$+\bar{4}$,878	$+\bar{4}$,494	+ 0,34	− 0,14
(4′ − 3)	$+\bar{4}$,51068	$-\bar{3}$,19820	− 4,63	− 2,26
(5 − 4′)	$-\bar{5}$,955	$+\bar{4}$,727	− 0,03	− 0,22
(5′ − 4)	$-\bar{4}$,7263	$-\bar{3}$,3292	+ 0,50	− 1,99
(6 − 5′)	$-\bar{4}$,511	$+\bar{5}$,378	− 0,11	− 0,01
(6′ − 5)	$-\bar{3}$,115	$+\bar{5}$,593	+ 0,90	+ 0,03
(7 − 6′)	$-\bar{5}$,76	$-\bar{4}$,27	− 0,02	− 0,06
(7′ − 6)	$-\bar{4}$,150	$+\bar{4}$,872	+ 0,08	+ 0,41
(8 − 7′)	$+\bar{5}$,99	$-\bar{5}$,79	+ 0,03	+ 0,02
(8′ − 7)	$+\bar{4}$,600	$+\bar{4}$,238	− 0,18	− 0,08
(9 − 8′)	$+\bar{5}$,67	$+\bar{5}$,75	+ 0,01	− 0,01
(9′ − 8)	$+\bar{4}$,17	$-\bar{4}$,30	− 0,06	− 0,08
(10′ − 9)	$-\bar{4}$,05	$-\bar{4}$,05	+ 0,04	− 0,04
(2)	$+\bar{5}$,43	$+\bar{5}$,46	+ 0,01	− 0,01
(1′ + 1)	$+\bar{4}$,02	$-\bar{5}$,68	+ 0,05	+ 0,02
(3 − 1′)	$+\bar{5}$,53	$+\bar{4}$,538	+ 0,01	− 0,14
(2′)	$-\bar{4}$,301	$-\bar{4}$,765	»	»
(4 − 2′)	$+\bar{5}$,05	$-\bar{5}$,72	+ 0,00	+ 0,02
(3′ − 1)	$-\bar{4}$,86077	$-\bar{4}$,37756	+ 15,42	− 5,06
(6 − 3′)	$+\bar{5}$,68	$-\bar{6}$,16	+ 0,01	+ 0,00
(4′ − 2)	$+\bar{4}$,04529	$+\bar{4}$,91867	− 1,35	+ 10,07
(6 − 4′)	$+\bar{5}$,01	$+\bar{5}$,56	+ 0,00	− 0,01
(5′ − 3)	$+\bar{4}$,8366	$+\bar{5}$,6192	− 1,95	+ 0,11
(6′ − 4)	$+\bar{4}$,110	$-\bar{4}$,696	− 0,19	− 0,73
(7′ − 5)	$-\bar{4}$,513	$-\bar{4}$,205	+ 0,32	− 0,16
(8′ − 6)	$-\bar{4}$,180	$+\bar{4}$,283	+ 0,11	+ 0,14
(9′ − 7)	$+\bar{4}$,04	$+\bar{4}$,11	− 0,06	+ 0,07
(10′ − 8)	$+\bar{5}$,99	$-\bar{5}$,73	− 0,04	− 0,02

ARGUMENT.	R		δζ	
	Cosinus.	Sinus.	Sinus.	Cosinus.
			″	″
(1′+2)	$+\bar{6},15$	$+6,13$	»	»
(4−1′)	$+\bar{6},34$	$+\bar{5},29$	»	»
(2′+1)	$+\bar{5},01$	$+\bar{6},27$	»	»
(3′)	$+\bar{6},987$	$-\bar{5},699$	»	»
(4′−1)	$-\bar{5},896$	$-\bar{5},750$	$+0,19$	$-0,14$
(5′−2)	$-\bar{5},624\,9046$	$+\bar{5},994\,1429$	$+430,12$	$+1006,51$
(6′−3)	$+\bar{5},956\,2$	$+\bar{5},777\,6$	$-0,73$	$+0,48$
(7′−4)	$+\bar{5},828\,3$	$-\bar{5},839\,7$	$-0,18$	$-0,18$
(8′−5)	$-\bar{5},654$	$-\bar{5},814$	$+0,07$	$-0,09$
(9′−6)	$-\bar{5},751$	$+\bar{5},385$	$+0,05$	$+0,02$
(10′−7)	$-\bar{5},97$	$+\bar{5},65$	$+0,01$	$+0,03$
(4′)	$+\bar{6},51$	$-\bar{6},55$	»	»
(5′−1)	$-\bar{6},770$	$-\bar{6},961$	$+0,01$	$-0,01$
(6′−2)	$-\bar{5},037$	$+\bar{6},882$	$+0,12$	$+0,08$
(7′−3)	$+\bar{6},823\,5$	$+\bar{5},142\,4$	$-0,56$	$+1,17$
(8′−4)	$+\bar{5},178$	$-\bar{6},618$	$-0,09$	$-0,02$
(9′−5)	$-\bar{6},10$	$-\bar{5},14$	$+0,00$	$-0,03$
(10′−6)	$-\bar{5},09$	$-\bar{6},09$	$+0,02$	$-0,00$
(8′−3)	$+\bar{7},239$	$+\bar{6},284$	$-0,01$	$+0,11$
(9′−4)	$+\bar{6},235$	$+\bar{7},725$	$-0,05$	$+0,01$
(10′−4)	$+\bar{7},325\,1$	$+\bar{7},339\,9$	$-1,08$	$+1,12$

§ VI.

On tire ensuite, de la valeur de R, les expressions de δa, $\delta_2 e$ $\delta_2 \gamma$. Pour éviter les décimales, nous donnerons ici la valeur de $10^5 \delta a$.

ARGUMENT.	$10^5\delta\alpha$		$\delta_2 e$		$\delta_2\gamma$	
	Cosinus.	Sinus.	Cosinus.	Sinus.	Cosinus.	Sinus.
			"	"	"	"
(1′ — 1)	— 42	+ 194	+ 0,20	— 0,92	+ 0,09	— 0,42
(2′ — 2)	— 64	— 27	+ 0,30	+ 0,13	+ 0,14	+ 0,06
(3′ — 3)	— 19	+ 25	+ 0,09	— 0,12	+ 0,04	— 0,05
(4′ — 4)	+ 10	+ 11	— 0,05	— 0,05	— 0,02	— 0,02
(5′ — 5)	+ 6	— 3	— 0,03	+ 0,02	— 0,01	+ 0,01
(6′ — 6)	— 1	— 3	+ 0,00	+ 0,02	+ 0,00	+ 0,01
(7′ — 7)	— 2	+ 0	+ 0,01	— 0,00	»	»
(1)	— 2	+ 1	+ 0,01	— 0,00	»	»
(2 — 1′)	— 1	— 11	+ 0,01	+ 0,05	+ 0,00	+ 0,02
(2′ — 1)	+ 30	+ 14	— 0,14	— 0,07	— 0,07	— 0,03
(3 — 2′)	— 1	+ 2	+ 0,01	— 0,01	»	»
(3′ — 2)	— 13	— 17	+ 0,06	+ 0,08	+ 0,03	+ 0,04
(4 — 3′)	— 2	— 1	+ 0,01	+ 0,00	»	»
(4′ — 3)	— 11	+ 5	+ 0,05	— 0,03	+ 0,02	— 0,01
(5′ — 4)	+ 2	+ 7	— 0,01	— 0,03	— 0,00	— 0,02
(6′ — 5)	+ 4	— 0	— 0,02	+ 0,00	— 0,01	+ 0,00
(7′ — 6)	+ 0	— 2	— 0,00	+ 0,01	»	»
(3′ — 1)	— 5	— 2	+ 0,03	+ 0,01	+ 0,01	+ 0,00
(4′ — 2)	— 1	— 7	+ 0,00	+ 0,03	+ 0,00	+ 0,01
(5′ — 3)	— 3	— 0	+ 0,02	+ 0,00	»	»
(6′ — 4)	— 1	+ 2	+ 0,00	— 0,01	»	»
(5′ — 2)	— 10	+ 23	+ 0,05	— 0,11	+ 0,02	— 0,05

§ VII.

Pour calculer les dérivées $e\mathrm{D}_e\mathrm{R}$, $\mathrm{D}_\varpi\mathrm{R}$, il suffit de multiplier par des facteurs numériques très-simples les différents termes de R relatifs à chaque argument.

Pour faciliter les calculs relatifs à la partie secondaire de R, au lieu de calculer directement $\delta_1 e$, $e\delta_1\varpi$, nous poserons

$$\delta_1 e = \Sigma[(\mathrm{A}+\mathrm{A}')\cos p + (\mathrm{B}+\mathrm{B}')\sin p],$$
$$e\delta_1\varpi = \Sigma[(\mathrm{A}-\mathrm{A}')\sin p - (\mathrm{B}-\mathrm{B}')\cos p].$$

Ce sont les quantités A, B, A′, B′ que nous déterminerons directement, et que nous introduirons dorénavant dans les calculs.

Si l'on considère un terme de R,

$$U = He^{g}\cos(\mu t - h\varpi - M),$$

en posant, pour abréger,

$$V = He^{g}\sin(\mu t - h\varpi - M),$$

les parties correspondantes de $\delta_1 e$, $e\delta_1\varpi$ seront

$$\delta_1 e = -\frac{k\cot\psi}{\mu} hU, \quad e\delta_1\varpi = -\frac{k\cot\psi}{\mu} gV.$$

Si donc on pose

$$U = K\cos p + L\sin p,$$

il en résultera

$$A = -\frac{k\cot\psi}{\mu}\frac{h+g}{2}K, \quad A' = -\frac{k\cot\psi}{\mu}\frac{h-g}{2}K,$$

avec des valeurs analogues pour B, B' : d'où l'on voit que, pour obtenir A, A', B, B', il faut calculer les sommes

$$\Sigma\frac{h+g}{2}U, \quad \Sigma\frac{h-g}{2}U.$$

La seconde de ces sommes s'évanouit pour $g = h$, et, par conséquent, la partie principale de R ne fournit aucun terme aux quantités A', B' qui, par conséquent, sont en général assez petites.

Dans les tableaux suivants des valeurs de 2A, 2B, 2A', 2B', j'ai tenu compte des termes secondaires de R jusqu'au quatrième ordre inclusivement, du moins pour les inégalités les plus considérables.

ARGUMENT.	2 A.	2 B.
	″	″
(1′ − 1)	+ 0,43	+ 3,81
(2′ − 2)	− 0,36	− 1,50
(3′ − 3)	− 1,57	+ 0,55
(4′ − 4)	− 0,02	+ 0,80
(5′ − 5)	+ 0,50	+ 0,10
(6′ − 6)	+ 0,12	− 0,28
(7′ − 7)	− 0,16	− 0,10
(8′ − 8)	− 0,08	− 0,08
(9′ − 9)	+ 0,05	+ 0,06
(10′ − 10)	+ 0,04	− 0,02
(1)	− 14,31	− 0,01
(1′)	− 33,58	+ 160,31

ARGUMENT.	2 A.	2 B.
	″	″
(2 − 1′)	− 9,49	− 44,51
(2′ − 1)	− 245,65	− 107,09
(3 − 2′)	− 5,87	+ 2,27
(3′ − 2)	− 25,72	+ 35,66
(4 − 3′)	− 2,07	− 2,78
(4′ − 3)	+ 10,37	+ 11,61
(5 − 4′)	+ 1,24	− 1,40
(5′ − 4)	+ 5,67	− 3,15
(6 − 5′)	+ 0,85	+ 0,43
(6′ − 5)	− 0,79	− 2,78
(7 − 6′)	− 0,11	+ 0,47
(7′ − 6)	− 1,33	+ 0,05
(8 − 7′)	− 0,25	+ 0,01

ARGUMENT.	2A	2B
(8′— 7)	— 0″,13	+ 0″,61
(9 — 8′)	— 0,02	— 0,15
(9′— 8)	+ 0,26	+ 0,13
(10 — 9′)	+ 0,08	— 0,02
(10′— 9)	+ 0,09	— 0,17
(11 —10′)	+ 0,02	+ 0,04
(2)	— 0,05	— 0,17
(1′+ 1)	— 0,76	— 1,68
(3 — 1′)	— 0,49	— 3,19
(2′)	— 7,60	+ 7,85
(4 — 2′)	— 0,28	+ 0,31
(3′— 1)	+ 32,12	+ 43,67
(5 — 3′)	— 0,28	— 0,15
(4′— 2)	— 24,44	+ 11,58
(6 — 4′)	+ 0,05	— 0,21
(5′— 3)	+ 2,03	+ 8,33
(7 — 5′)	+ 0,14	— 0,00
(6′— 4)	+ 3,93	+ 0,12
(8 — 6′)	+ 0,02	+ 0,08
(7′— 5)	+ 0,36	— 1,95
(9 — 7′)	— 0,05	+ 0,02
(8′— 6)	— 0,95	— 0,40
(10 — 8′)	— 0,02	— 0,02
(9′— 7)	— 0,34	+ 0,51
(11 — 9′)	+ 0,01	— 0,01

ARGUMENT.	2A	2B
(10′— 8)	+ 0″,24	+ 0″,24
(1′+ 2)	+ 0,01	— 0,02
(4 — 1′)	— 0,03	— 0,20
(2′+ 1)	— 0,02	— 0,15
(3′)	— 0,79	+ 0,20
(4′— 1)	+ 0,23	+ 2,83
(5′— 2)	+ 151,22	+ 12,53
(6′— 3)	— 0,96	+ 3,35
(7′— 4)	+ 1,35	+ 0,70
(8′— 5)	+ 0,51	— 0,64
(9′— 6)	— 0,30	— 0,37
(10′— 7)	— 0,25	+ 0,13
(4′)	— 0,07	— 0,02
(5′— 1)	— 0,11	+ 0,21
(6′— 2)	+ 0,64	+ 0,47
(7′— 3)	— 1,53	+ 1,45
(8′— 4)	+ 0,27	+ 0,42
(9′— 5)	+ 0,23	— 0,10
(10′— 6)	— 0,03	— 0,14
(7′— 2)	+ 0,02	+ 0,05
(8′— 3)	+ 0,27	— 0,06
(9′— 4)	+ 0,01	+ 0,18
(10′— 4)	+ 0,19	— 0,38

ARGUMENT.	2A′	2B′
(1′— 1)	— 1″,95	— 3″,29
(2′— 2)	+ 0,46	+ 3,47
(3′— 3)	— 0,34	— 1,02
(4′— 4)	— 1,15	+ 0,40
(5′— 5)	+ 0,14	+ 0,80
(6′— 6)	+ 0,52	+ 0,02
(7′— 7)	+ 0,09	— 0,33
(8′— 8)	— 0,18	+ 0,08
(9′— 9)	— 0,07	+ 0,10
(10′—10)	+ 0,05	+ 0,05
(1)	— 0,06	— 0,08

ARGUMENT.	2A′	2B′
(1′)	— 0″,40	+ 0″,10
(2 — 1′)	+ 0,02	— 0,12
(2′— 1)	— 0,76	— 1,04
(3 — 2′)	+ 0,02	+ 0,05
(3′— 2)	+ 0,14	+ 0,55
(4 — 3′)	— 0,05	+ 0,02
(4′— 3)	+ 0,07	— 0,31
(5 — 4′)	— 0,07	— 0,03
(5′— 4)	— 0,28	— 0,08
(6 — 5′)	+ 0,02	— 0,02
(6′— 5)	— 0,09	+ 0,21
(7 — 6′)	+ 0,02	+ 0,01

ARGUMENT.	2 A′	2 B′
	″	″
(7′ — 6)	+ 0,14	+ 0,09
(8 — 7′)	— 0,01	+ 0,01
(8′ — 7)	+ 0,08	— 0,08
(9′ — 8)	— 0,05	— 0,06
(2′)	— 0,02	+ 0,00
(3′ — 1)	+ 0,15	+ 0,12

ARGUMENT.	2 A′	2 B′
	″	″
(4′ — 2)	+ 0,00	+ 0,12
(5′ — 3)	+ 0,05	— 0,04
(6′ — 4)	— 0,03	+ 0,05
(7′ — 5)	— 0,04	+ 0,03
(8′ — 6)	+ 0,02	+ 0,04
(5′ — 2)	+ 0,19	— 0,29

On en conclut, pour les valeurs de $\delta_2 \varepsilon$, $\delta_3 \gamma$,

ARGUMENT.	$\delta_2 \varepsilon$ Sinus.	$\delta_2 \varepsilon$ Cosinus.
	″	″
(1′ — 1)	+ 0,03	— 0,09
(2′ — 2)	— 0,01	+ 0,06
(3′ — 3)	— 0,01	— 0,02
(4′ — 4)	+ 0,01	— 0,01
(5′ — 5)	+ 0,00	+ 0,01
(1)	— 0,17	— 0,00
(1′)	— 0,40	— 1,93
(2 — 1′)	— 0,11	+ 0,54
(2′ — 1)	— 2,95	+ 1,28
(3 — 2′)	— 0,07	— 0,03
(3′ — 2)	— 0,31	— 0,42
(4 — 3′)	— 0,02	+ 0,03
(4′ — 3)	+ 0,12	— 0,14
(5 — 4′)	+ 0,02	+ 0,02
(5′ — 4)	+ 0,07	+ 0,04
(6 — 5′)	+ 0,01	— 0,01
(6′ — 5)	— 0,01	+ 0,04
(7′ — 6)	— 0,02	+ 0,00
(8′ — 7)	— 0,00	— 0,01

ARGUMENT.	$\delta_2 \varepsilon$ Sinus.	$\delta_2 \varepsilon$ Cosinus.
	″	″
(1′ + 1)	— 0,01	+ 0,02
(3 — 1′)	— 0,01	+ 0,04
(2′)	— 0,09	— 0,09
(3′ — 1)	+ 0,39	— 0,53
(4′ — 2)	— 0,29	— 0,14
(5′ — 3)	+ 0,02	— 0,10
(6′ — 4)	+ 0,05	+ 0,00
(7′ — 5)	+ 0,00	+ 0,02
(8′ — 6)	— 0,01	+ 0,01
(3′)	— 0,01	— 0,00
(4′ — 1)	+ 0,00	— 0,03
(5′ — 2)	+ 1,82	— 0,15
(6′ — 3)	— 0,01	— 0,04
(7′ — 4)	+ 0,02	— 0,01
(8′ — 5)	+ 0,01	+ 0,01
(6′ — 2)	+ 0,01	— 0,01
(7′ — 3)	— 0,02	— 0,02

ARGUMENT.	$\delta_3 \gamma$ Cosinus.	$\delta_3 \gamma$ Sinus.
	″	″
(1′)	— 0,01	+ 0,04
(2 — 1′)	— 0,00	— 0,01
(2′ — 1)	— 0,06	— 0,03
(3′ — 2)	— 0,01	+ 0,01

ARGUMENT.	$\delta_3 \gamma$ Cosinus.	$\delta_3 \gamma$ Sinus.
	″	″
(3′ — 1)	+ 0,01	+ 0,01
(5′ — 2)	+ 0,04	+ 0,00

§ VIII.

Par un artifice analogue à celui du paragraphe précédent, posons

$$\delta_1 \gamma = \Sigma\left[(C + C')\cos p + (D + D')\sin p\right],$$
$$\sin\gamma\,\delta\Pi = \Sigma\left[(C - C')\sin p - (D - D')\cos p\right].$$

Nous trouverons pour 2 C, 2 D, 2 C′, 2 D′ les valeurs suivantes :

ARGUMENT.	2C	2D	ARGUMENT.	2C	2D
	″	″		″	″
(1′ − 1)	+ 0,05	− 0,23	(4 − 2′)	+ 0,07	+ 0,03
(2′ − 2)	− 0,33	− 0,15	(3′ − 1)	+ 1,92	− 0,14
(3′ − 3)	− 0,09	+ 0,12	(5 − 3′)	− 0,01	+ 0,04
(4′ − 4)	+ 0,05	+ 0,05	(4′ − 2)	− 0,09	+ 0,63
(5′ − 5)	+ 0,03	− 0,02	(6 − 4′)	− 0,02	− 0,01
(6′ − 6)	− 0,00	− 0,02	(5′ − 3)	+ 0,14	+ 0,05
			(7 − 5′)	+ 0,00	+ 0,01
(1)	+ 0,08	+ 0,07	(6′ − 4)	+ 0,03	− 0,05
(1′)	+ 0,06	− 0,28	(7′ − 5)	− 0,02	− 0,02
(2 − 1′)	− 0,06	+ 0,04			
(2′ − 1)	+ 0,59	+ 0,01	(3)	+ 0,01	− 0,01
(3 − 2′)	− 0,01	− 0,04	(1′ + 2)	− 0,03	− 0,02
(3′ − 2)	− 0,04	− 0,15	(4 − 1′)	+ 0,01	− 0,00
(4 − 3′)	+ 0,03	− 0,01	(2′ + 1)	− 0,10	+ 0,02
(4′ − 3)	− 0,07	+ 0,02	(3′)	− 0,02	− 0,12
(5 − 4′)	+ 0,01	+ 0,02	(4′ − 1)	+ 0,20	+ 0,08
(5′ − 4)	+ 0,00	+ 0,04	(5′ − 2)	+ 3,79	− 6,18
(6 − 5′)	− 0,01	+ 0,01	(6′ − 3)	+ 0,09	+ 0,09
(6′ − 5)	+ 0,02	− 0,00	(7′ − 4)	+ 0,04	− 0,02
(7 − 6′)	− 0,00	− 0,01			
			(4′)	− 0,02	+ 0,03
(2)	− 0,20	− 0,23	(5′ − 1)	+ 0,04	− 0,04
(1′ + 1)	− 1,13	+ 0,60	(6′ − 2)	+ 0,11	− 0,06
(3 − 1′)	+ 0,09	− 0,12	(7′ − 3)	+ 0,07	+ 0,23
(2′)	+ 0,21	+ 0,73			

ARGUMENT.	2C′	2D′	ARGUMENT.	2C′	2D′
	″	″		″	″
(1′ − 1)	− 0,05	+ 0,23	(5′ − 5)	− 0,03	+ 0,02
(2′ − 2)	+ 0,33	+ 0,15	(6′ − 6)	+ 0,00	+ 0,02
(3′ − 3)	+ 0,09	− 0,12			
(4′ − 3)	− 0,05	− 0,05	(1)	− 0,04	+ 0,04

ARGUMENT.	2C′	2D′	ARGUMENT.	2C′	2D′
(1′)	+ 0″,16	+ 0″,20	(5′ − 4)	− 0″,01	− 0″,04
(2 − 1′)	− 0,01	− 0,02	(6′ − 5)	− 0,02	− 0,00
(2′ − 1)	− 0,49	+ 0,25			
(3′ − 2)	+ 0,07	+ 0,13	(5′ − 2)	+ 0,18	− 0,21
(4′ − 3)	+ 0,07	− 0,02			

La valeur de $\delta_3 \varepsilon$ est à peu près insensible. Les seuls termes qui surpassent $\frac{1}{200}$ de seconde sont les suivants :

ARGUMENT.	$\delta_3 \varepsilon$		ARGUMENT.	$\delta_3 \varepsilon$	
	Sinus.	Cosinus.		Sinus.	Cosinus.
(2′ − 1)	+ 0″,01	+ 0″,00	(3′ − 1)	+ 0″,01	+ 0″,00
(1′ + 1)	− 0,01	− 0,00	(5′ − 2)	+ 0,02	+ 0,03

La valeur de $e\delta_2 \varpi$ est tout à fait négligeable : son coefficient le plus considérable, relatif à l'argument (5′ − 2), ne dépasse pas 0″,002.

§ IX.

Le calcul de $\delta_1 \varepsilon$ dépend de celui de $a\,D_a R = \alpha\, D_\alpha R$. Pour obtenir cette dérivée, nous formerons, au moyen du tableau des quantités $b_i^{(i)}$ et de leurs dérivées, un tableau des quantités

$$\bar{b} = b', \qquad \overline{b'} = b' + b'', \quad \overline{b''} = 2b'' + b''', \quad \overline{b'''} = 3b''' + b^{\text{iv}}, \ldots,$$

$$\bar{\beta} = \beta + \beta', \quad \overline{\beta'} = 2\beta' + \beta'', \quad \overline{\beta''} = 3\beta'' + \beta''', \quad \ldots\ldots\ldots\ldots\ldots,$$

et l'on substituera ces quantités respectivement aux quantités $b, b', \ldots, \beta, \beta', \ldots,$ dans la formule générale qui donne l'expression de R, en y remplaçant en même temps g par

$$\alpha D\ g = -\frac{1}{2} g.$$

Multipliant ensuite par $2k$ et intégrant, on a la valeur contenue dans le tableau suivant.

ARGUMENT.	$\delta_1 \varepsilon$ Sinus.	$\delta_1 \varepsilon$ Cosinus.
(1′ — 1)	+ 32″,83	+ 156″,63
(2′ — 2)	— 29,56	+ 13,00
(3′ — 3)	— 8,14	— 11,31
(4′ — 4)	+ 4,25	— 4,75
(5′ — 5)	+ 2,63	+ 1,46
(6′ — 6)	— 0,39	+ 1,38
(7′ — 7)	— 0,69	— 0,03
(8′ — 8)	— 0,06	— 0,33
(9′ — 9)	+ 0,15	— 0,07
(10′ — 10)	+ 0,05	+ 0,06
(1)	+ 1,74	+ 1,37
(1′)	— 5,37	+ 12,02
(2 — 1′)	— 0,43	+ 1,25
(2′ — 1)	+ 39,72	+ 35,65
(3 — 2′)	+ 0,23	+ 0,56
(3′ — 2)	— 5,38	+ 10,28
(4 — 3′)	+ 0,55	— 0,13
(4′ — 3)	— 5,45	— 1,88
(5 — 4′)	— 0,02	— 1,41
(5′ — 4)	+ 0,48	— 3,09
(6 — 5′)	— 0,27	— 0,04
(6′ — 5)	+ 1,73	— 0,07
(7 — 6′)	— 0,06	+ 0,16
(7′ — 6)	+ 0,23	+ 0,93
(8 — 7′)	+ 0,08	+ 0,06
(8′ — 7)	— 0,47	+ 0,23
(9 — 8′)	+ 0,04	— 0,05
(9′ — 8)	— 0,18	— 0,23
(10 — 9′)	— 0,02	— 0,03
(10′ — 9)	+ 0,12	— 0,14
(2)	+ 0,03	— 0,04
(1′ + 1)	+ 0,17	+ 0,3

ARGUMENT.	$\delta_1 \varepsilon$ Sinus.	$\delta_1 \varepsilon$ Cosinus.
(3 — 1′)	— 0″,03	+ 0″,03
(2′)	+ 0,15	+ 0,81
(4 — 2′)	— 0,01	+ 0,03
(3′ — 1)	— 5,91	+ 0,06
(5 — 3′)	+ 0,03	+ 0,01
(4′ — 2)	+ 0,71	+ 4,00
(6 — 4′)	+ 0,01	— 0,02
(5′ — 3)	— 1,63	+ 0,48
(7 — 5′)	— 0,02	— 0,01
(6′ — 4)	— 0,42	— 0,88
(8 — 6′)	— 0,01	+ 0,01
(7′ — 5)	+ 0,49	— 0,34
(8′ — 6)	+ 0,26	+ 0,26
(9′ — 7)	— 0,13	+ 0,20
(10′ — 8)	— 0,14	— 0,06
(2′ + 1)	+ 0,01	— 00,01
(3′)	+ 0,04	+ 0,05
(4′ — 1)	— 0,19	+ 0,16
(5′ — 2)	— 12,59	— 12,07
(6′ — 3)	— 0,31	+ 0,39
(7′ — 4)	— 0,23	— 0,13
(8′ — 5)	+ 0,06	— 0,16
(9′ — 6)	+ 0,11	+ 0,02
(10′ — 7)	— 0,00	+ 0,08
(5′ — 1)	— 0,00	+ 0,02
(6′ — 2)	— 0,08	— 0,01
(7′ — 3)	— 0,01	+ 0,24
(8′ — 4)	— 0,07	+ 0,00
(9′ — 5)	— 0,01	— 0,04
(8′ — 3)	— 0,01	— 0,02

§ X.

En tenant compte de la partie constante de R, on obtient les variations séculaires des éléments dues à l'action de Saturne et proportionnelles à la première puissance de sa masse. On trouve ainsi, pour l'excentricité,

(1) $$2\delta e = 0'',54062\,t;$$

pour la longitude du périhélie, rapportée au nœud ascendant de Saturne,

$$\delta_1 \varpi = 6'',2658\,t, \quad \delta_2 \varpi = -\,0'',0018\,t;$$

d'où l'on tire

(2) $$\delta \varpi = 6'',2640\,t.$$

Pour l'inclinaison relative

$$\delta_1 \gamma = -\,0'',00195\,t, \quad \delta_3 \gamma = 0'',00014\,t;$$

d'où

(3) $$\delta \gamma = -\,0'',00181\,t;$$

et pour le nœud ascendant de Jupiter sur l'orbite de Saturne,

(4) $$\sin \gamma \delta \Pi = -\,0'',165001\,t.$$

En faisant, dans la partie constante de R, les substitutions indiquées dans le paragraphe précédent, on trouve

$$\delta_1 \varepsilon = -\,7'',62408\,t.$$

On trouve ensuite, au moyen des valeurs de $\delta_1 \varpi$, $\sin \gamma \delta \Pi$,

$$\delta_2 \varepsilon = 0'',00727\,t, \quad \delta_3 \varepsilon = -\,0'',00180\,t;$$

d'où l'on tire

(5) $$\delta \varepsilon = -\,7'',61861\,t.$$

Pour rapporter ces variations à l'écliptique de 1800, il faut appliquer aux valeurs de $\delta\varpi$, $\delta\varepsilon$ la correction donnée par la formule (8) du § I, laquelle est négligeable quand il s'agit des irrégularités périodiques. Cette correction est égale à

$$-\,\bar{2},32423 \sin \gamma \delta \Pi - \bar{3},72651\; \delta\gamma = 0'',00349\,t.$$

On aura, d'après cela,

(6) $$\delta \varpi = 6'',2674\,t, \quad \delta \varepsilon = -\,7'',6151\,t.$$

Enfin, les formules (9) et (10) du § I donnent

(7) $$\delta \varphi = -\,0'',07503\,t, \quad \delta \theta = 6'',4071\,t.$$

d..

§ XI.

En réunissant les différentes parties de δl, on trouve :

ARGUMENT.	δl Sinus.	δl Cosinus.
	″	″
(1′ − 1)	− 8,54	− 36,10
(2′ − 2)	− 61,23	+ 26,58
(3′ − 3)	− 14,31	− 19,70
(4′ − 4)	+ 6,67	− 7,52
(5′ − 5)	+ 3,87	+ 2,12
(6′ − 6)	− 0,54	+ 1,93
(7′ − 7)	− 0,93	− 0,03
(8′ − 8)	− 0,09	− 0,43
(9′ − 9)	+ 0,18	− 0,10
(10′ − 10)	+ 0,07	+ 0,07
(1)	+ 2,49	+ 1,88
(1′)	− 5,77	+ 10,09
(1′ − 2)	+ 0,01	− 2,39
(2′ − 1)	+ 127,18	− 5,23
(2′ − 3)	− 0,54	+ 1,03
(3′ − 2)	− 15,80	+ 22,91
(3′ − 4)	− 0,86	− 0,24
(4′ − 3)	− 9,96	− 4,28
(4′ − 5)	+ 0,03	− 0,61
(5′ − 4)	+ 1,04	− 5,04
(5′ − 6)	+ 0,37	− 0,06
(6′ − 5)	+ 2,62	− 0,02
(6′ − 7)	+ 0,08	+ 0,21
(7′ − 6)	+ 0,29	+ 1,34
(7′ − 8)	− 0,11	+ 0,07
(8′ − 7)	− 0,66	+ 0,30
(8′ − 9)	− 0,05	− 0,06
(9′ − 8)	− 0,24	− 0,31
(9′ − 10)	+ 0,03	− 0,04
(10′ − 9)	+ 0,16	− 0,17
(2)	+ 0,04	− 0,05
(1′ + 1)	+ 0,21	+ 0,07

ARGUMENT.	δl Sinus.	δl Cosinus.
	″	″
(1′ − 3)	+ 0,02	− 0,08
(2′)	+ 0,05	+ 0,71
(2′ − 4)	+ 0,01	+ 0,04
(3′ − 1)	+ 9,91	− 5,53
(3′ − 5)	− 0,04	+ 0,01
(4′ − 2)	− 0,93	+ 13,93
(4′ − 6)	− 0,02	− 0,03
(5′ − 3)	− 3,55	+ 0,49
(5′ − 7)	+ 0,02	− 0,01
(6′ − 4)	− 0,56	− 1,61
(7′ − 5)	+ 0,81	− 0,47
(8′ − 6)	+ 0,36	+ 0,40
(9′ − 7)	− 0,20	+ 0,27
(10′ − 8)	− 0,18	− 0,09
(2′ + 1)	+ 0,02	− 0,01
(3′)	+ 0,03	+ 0,05
(4′ − 1)	+ 0,01	− 0,01
(5′ − 2)	+ 419,34	+ 994,25
(6′ − 3)	− 1,50	+ 0,84
(7′ − 4)	− 0,39	− 0,32
(8′ − 5)	+ 0,13	− 0,24
(9′ − 6)	+ 0,17	+ 0,05
(10′ − 7)	+ 0,00	+ 0,11
(5′ − 1)	+ 0,00	+ 0,01
(6′ − 2)	+ 0,05	+ 0,06
(7′ − 3)	− 0,59	+ 1,39
(8′ − 4)	− 0,15	− 0,03
(9′ − 5)	− 0,00	− 0,07
(8′ − 3)	− 0,02	+ 0,09
(10′ − 4)	− 1,08	+ 1,12

§ XII.

Pour le calcul de δv et de δr, il faut former les valeurs de δe, $e\delta T$. Posons

$$\delta e = \Sigma[\quad (E + E')\cos p + (F + F')\sin p],$$
$$e\delta T = \Sigma[-(E - E')\sin p + (F - F')\cos p],$$

l'angle p étant de la forme $i\lambda + jl$, où $j > 0$. En conservant les notations du § VII, et posant de plus

$$\delta_2 e = \Sigma(A''\cos p + B''\sin p), \quad \delta l = \Sigma(G\sin p + H\cos p),$$

on aura

$$2E = 2A + A'' - eG, \quad 2F = 2B + B'' + eH,$$
$$2E' = 2A' + A'' + eG, \quad 2F' = 2B' + B'' - eH.$$

Changeons maintenant, comme nous l'avons fait dans le paragraphe précédent, les signes des arguments dans lesquels le coefficient de l' est négatif, et posons, pour les arguments qui ne sont pas changés de signe,

$$M = -2E, \quad N = \quad 2F,$$
$$M' = \quad 2E', \quad N' = -2F';$$

et pour les arguments qui sont changés de signe,

$$M = -2E', \quad N = -2F',$$
$$M' = \quad 2E, \quad N' = \quad 2F.$$

On aura alors, en général,

$$2\delta e = \Sigma[-(M - M')\cos p + (N - N')\sin p],$$
$$2e\delta T = \Sigma[\quad (M + M')\sin p + (N + N')\cos p],$$

d'où l'on tire, c étant la base des logarithmes naturels,

$$(1) \qquad 2(\delta e - \sqrt{-1}\, e\delta T) = -\Sigma\left[\begin{array}{c}(M + N\sqrt{-1})\, c^{p\sqrt{-1}} \\ -(M' - N'\sqrt{-1})\, c^{-p\sqrt{-1}}\end{array}\right].$$

Posons maintenant

$$(2) \quad \delta v = \delta l + 2\Sigma[(E_m - E'_m)\sin mT\,\delta e + (E_m + E'_m)\cos mT \,.\, e\delta T].$$

Transformant les sinus et cosinus, dans cette formule, en exponentielles imaginaires, on trouve, en ayant égard à la formule (1),

$$\delta v = \delta l + \Sigma[(\mathrm{ME}_m + \mathrm{M'E}'_m)\sin(p - m\mathrm{T}) + (\mathrm{NE}_m + \mathrm{N'E}'_m)\cos(p - m\mathrm{T})]$$
$$+ \Sigma[(\mathrm{M'E}_m + \mathrm{ME}'_m)\sin(p + m\mathrm{T}) + (\mathrm{N'E}_m + \mathrm{NE}'_m)\cos(p + m\mathrm{T})],$$

le signe Σ s'étendant successivement à tous les arguments p, et, pour chaque argument, à toutes les valeurs positives de m.

Si l'on veut avoir la partie de δv qui correspond à un argument donné p, il faut donc ajouter au coefficient de $\sin p$, dans δl, la quantité

$$\mathrm{E}_1(\mathrm{M}_{p+\mathrm{T}} + \mathrm{M}'_{p-\mathrm{T}}) + \mathrm{E}'_1(\mathrm{M}'_{p+\mathrm{T}} + \mathrm{M}_{p-\mathrm{T}})$$
$$+ \mathrm{E}_2(\mathrm{M}_{p+2\mathrm{T}} + \mathrm{M}'_{p-2\mathrm{T}}) + \mathrm{E}'_2(\mathrm{M}'_{p+2\mathrm{T}} + \mathrm{M}_{p-2\mathrm{T}})$$
$$+ \text{etc.};$$

en changeant M en N, on aurait ce qu'il faut ajouter au coefficient de $\cos p$ dans δl.

Pour faciliter le calcul de ces quantités, on formera d'avance une Table des produits par les dix ou vingt premiers nombres des quantités $1 - \mathrm{E}_1$, E'_1, E_2, E'_2, etc.

La valeur de δr peut se mettre sous la forme

$$\delta r = \left(1 + \frac{e^2}{2}\right)\delta a + ae\delta e + \Sigma \mathrm{F}_m \cos m\mathrm{T}.\delta a$$
$$+ a\Sigma[-(\mathrm{G}_m - \mathrm{G}'_m)\cos m\mathrm{T}.\delta e + (\mathrm{G}_m + \mathrm{G}'_m)\sin m\mathrm{T}.e\delta\mathrm{T}].$$

En posant

$$\delta a = \Sigma\{(a)_p \cos p + [a]_p \sin p\}, \quad \delta e = \Sigma\{(e)_p \cos p + [e]_p \sin p\},$$

et appliquant la même transformation, il vient

$$\delta r = \Sigma\left(1 + \frac{e^2}{2}\right)\delta a + ae\delta e$$
$$+ \frac{1}{2}\Sigma \mathrm{F}_m \left[\begin{array}{l} (a)_p \cos(p - m\mathrm{T}) + [a]_p \sin(p - m\mathrm{T}) \\ + (a)_p \cos(p + m\mathrm{T}) + [a]_p \sin(p + m\mathrm{T}) \end{array}\right]$$
$$+ \frac{a}{2}\Sigma \left[\begin{array}{l} (\mathrm{MG}_m + \mathrm{M'G}'_m)\cos(p - m\mathrm{T}) \\ - (\mathrm{NG}_m + \mathrm{N'G}'_m)\sin(p - m\mathrm{T}) \end{array}\right]$$
$$+ \frac{a}{2}\Sigma \left[\begin{array}{l} -(\mathrm{M'G}_m + \mathrm{MG}'_m)\cos(p + m\mathrm{T}) \\ + (\mathrm{N'G}_m + \mathrm{NG}'_m)\sin(p + m\mathrm{T}) \end{array}\right].$$

On formera aisément, d'après cela, les expressions générales des coefficients du cosinus et du sinus d'un argument donné p.

Les valeurs des quantités M, N, M', N' sont comprises dans le tableau suivant:

ARGUMENT.	M	N	M'	N'
(1'— 1)	— 1'',05	+ 1'',15	— 2'',17	+ 2'',48
(2'— 2)	— 2,89	— 0,09	— 2,19	— 2,32
(3'— 3)	+ 0,41	— 0,90	— 1,32	+ 0,57
(4'— 4)	+ 0,38	+ 0,46	— 0,88	— 0,78
(5'— 5)	— 0,28	+ 0,22	+ 0,29	— 0,72
(6'— 6)	— 0,15	— 0,17	+ 0,49	+ 0,06
(7'— 7)	+ 0,11	— 0,11	+ 0,04	+ 0,33
(8'— 8)	+ 0,08	+ 0,05	— 0,19	+ 0,07
(9'— 9)	— 0,03	+ 0,05	— 0,06	— 0,10
(10'—10)	— 0,03	— 0,01	+ 0,05	— 0,05
(1)	+ 14,43	+ 0,07	+ 0,08	+ 0,17
(1')	+ 33,30	+160,80	— 0,67	+ 0,29
(1'— 2)	— 0,03	— 0,05	— 9,47	— 44,56
(2'— 1)	+251,92	—107,21	+ 5,22	+ 0,85
(2'— 3)	— 0,05	+ 0,01	— 5,69	+ 2,31
(3'— 2)	+ 24,90	+ 36,84	— 0,55	+ 0,49
(3'— 4)	— 0,00	— 0,03	— 2,11	— 2,79
(4'— 3)	— 10,88	+ 11,39	— 0,38	+ 0,11
(4'— 5)	+ 0,07	+ 0,00	+ 1,24	— 1,43
(5'— 4)	— 5,62	— 3,42	— 0,23	— 0,13
(5'— 6)	— 0,00	+ 0,02	+ 0,86	+ 0,43
(6'— 5)	+ 0,93	— 2,78	+ 0,01	— 0,21
(6'— 7)	— 0,01	— 0,00	— 0,11	+ 0,48
(7'— 6)	+ 1,34	+ 0,11	+ 0,15	— 0,05
(7'— 8)	+ 0,00	— 0,01	— 0,25	+ 0,01
(8'— 7)	+ 0,08	+ 0,63	+ 0,05	+ 0,10
(8'— 9)	»	»	— 0,02	— 0,15
(9'— 8)	— 0,28	+ 0,11	— 0,06	+ 0,05
(9'—10)	»	»	+ 0,08	— 0,03
(10'— 9)	— 0,08	— 0,18	+ 0,01	— 0,01
(10'—11)	»	»	+ 0,02	+ 0,04
(2)	+ 0,05	— 0,17	»	»
(1'+ 1)	+ 0,77	— 1,67	+ 0,01	+ 0,00
(1'— 3)	+ 0,00	— 0,01	— 0,49	— 3,19

ARGUMENT.	M	N	M′	N′
(2′)	+ 7″,61	+ 7″,88	— 0″,02	+ 0″,03
(2′— 4)	»	»	— 0,28	+ 0,31
(3′— 1)	— 31,78	+ 43,41	+ 0,55	— 0,39
(3′— 5)	»	»	— 0,28	— 0,14
(4′— 2)	+ 24,40	+ 12,28	— 0,04	+ 0,52
(4′— 6)	»	»	+ 0,05	— 0,21
(5′— 3)	— 2,22	+ 8,35	— 0,11	+ 0,06
(5′— 7)	»	»	+ 0,14	— 0,00
(6′— 4)	— 3,96	— 0,21	— 0,06	— 0,02
(6′— 8)	»	»	+ 0,02	+ 0,08
(7′— 5)	— 0,31	— 1,98	— 0,01	— 0,05
(7′— 9)	»	»	— 0,05	+ 0,02
(8′— 6)	+ 0,97	— 0,38	+ 0,03	— 0,02
(8′—10)	»	»	— 0,02	— 0,02
(9′— 7)	+ 0,33	+ 0,52	— 0,01	+ 0,01
(9′—11)	»	»	+ 0,01	— 0,01
(10′— 8)	— 0,25	+ 0,23	— 0,01	— 0,01
(1′+ 2)	— 0,01	— 0,02	»	»
(1′— 4)	»	»	— 0,03	— 0,20
(2′+ 1)	+ 0,01	— 0,15	»	»
(3′)	+ 0,79	+ 0,19	»	»
(4′— 1)	— 0,24	+ 2,83	»	»
(5′— 2)	—151,28	+ 12,36	+ 0,23	+ 0,40
(6′— 3)	+ 0,91	+ 3,40	— 0,05	+ 0,04
(7′— 4)	— 1,37	+ 0,68	— 0,02	— 0,01
(8′— 5)	— 0,51	— 0,65	+ 0,00	— 0,01
(9′— 6)	+ 0,31	— 0,36	+ 0,01	+ 0,00
(10′— 7)	+ 0,25	+ 0,14	»	»
(4′)	+ 0,07	— 0,02	»	»
(5′— 1)	+ 0,11	+ 0,21	»	»
(6′— 2)	— 0,64	+ 0,48	»	»
(7′— 3)	+ 1,50	+ 1,52	— 0,03	+ 0,06
(8′— 4)	— 0,27	+ 0,42	— 0,01	— 0,00
(9′— 5)	— 0,23	— 0,10	»	»
(10′— 6)	+ 0,03	— 0,14	»	»
(7′— 2)	— 0,02	+ 0,05	»	»
(8′— 3)	— 0,27	— 0,06	»	»
(9′— 4)	— 0,01	+ 0,18	»	»
(10′— 4)	— 0,19	— 0,38	»	»

§ XIII.

On trouve ainsi pour δv, δr les valeurs suivantes :

ARGUMENT.	δv Sinus.	δv Cosinus.
(1′ − 1)	+ 15″,28	+ 79″,76
(2′ − 2)	+ 185,29	− 77,64
(3′ − 3)	+ 6,53	+ 16,93
(4′ − 4)	− 1,47	+ 3,17
(5′ − 5)	− 1,44	− 0,32
(6′ − 6)	+ 0,05	− 0,36
(7′ − 7)	+ 0,13	− 0,03
(8′ − 8)	+ 0,03	+ 0,03
(1′)	− 7,74	+ 8,20
(1′ − 2)	+ 0,47	+ 5,24
(2′ − 1)	+ 132,25	+ 0,46
(2′ − 3)	+ 11,47	− 5,16
(3′ − 2)	− 48,98	+ 66,70
(3′ − 4)	+ 0,64	− 1,11
(4′ − 3)	+ 13,61	+ 7,30
(4′ − 5)	− 0,09	+ 0,37
(5′ − 4)	− 9,94	+ 3,35
(5′ − 6)	− 0,15	− 0,01
(6′ − 5)	− 0,79	+ 0,07
(6′ − 7)	− 0,01	− 0,05
(7′ − 6)	− 0,08	− 0,27
(7′ − 8)	− 0,04	− 0,02
(8′ − 7)	+ 0,10	− 0,06
(9′ − 8)	+ 0,01	+ 0,09
(1′ + 1)	− 0,64	+ 0,30
(1′ − 3)	+ 0,02	+ 0,33

ARGUMENT.	δv Sinus.	δv Cosinus.
(2′)	+ 5″,21	+ 1″,25
(2′ − 4)	+ 0,73	− 0,35
(3′ − 1)	+ 10,06	− 4,81
(3′ − 5)	+ 0,07	+ 0,07
(4′ − 2)	− 1,60	+ 16,82
(4′ − 6)	+ 0,03	+ 0,05
(5′ − 3)	− 154,95	+ 12,62
(6′ − 4)	+ 0,35	1,55
(7′ − 5)	− 0,32	+ 0,26
(8′ − 6)	− 0,12	− 0,13
(9′ − 7)	+ 0,03	− 0,05
(1′ + 2)	− 0,04	+ 0,02
(2′ + 1)	+ 0,32	+ 0,07
(3′)	+ 0,54	− 0,30
(4′ − 1)	+ 0,02	+ 0,49
(6′ − 3)	− 1,75	+ 1,28
(7′ − 4)	+ 1,11	+ 1,15
(8′ − 5)	− 0,12	+ 0,15
(9′ − 6)	− 0,07	− 0,03
(5′ − 1)	+ 0,18	+ 0,41
(6′ − 2)	− 0,00	+ 0,10
(7′ − 3)	− 0,63	+ 1,43
(8′ − 4)	− 0,42	− 0,09
(9′ − 5)	− 0,00	+ 0,12
(10′ − 5)	− 0,19	− 0,38

ARGUMENT.	$10^5.\delta r$ Cosinus.	$10^5.\delta r$ Sinus.
(1′ − 1)	+ 12	− 64
(2′ − 2)	+ 260	+ 110
(3′ − 3)	+ 14	− 26
(4′ − 4)	− 4	− 6

ARGUMENT.	$10^5.\delta r$ Cosinus.	$10^5.\delta r$ Sinus.
(1′)	+ 3	+ 8
(1′ − 2)	+ 0	− 6
(2′ − 1)	+ 29	+ 1
(2′ − 3)	+ 12	+ 6
(3′ − 2)	− 53	− 70

ARGUMENT.	$10^5.\delta r$ Cosinus.	Sinus.	ARGUMENT.	$10^5.\delta r$ Cosinus.	Sinus
(4′ — 3)	+ 21	— 11	(4′ — 2)	— 2	— 10
(5′ — 4)	— 11	— 6	(5′ — 3)	— 193	— 16
(2′)	— 8	+ 1	(5′ — 2)	— 0	+ 23

§ XIV.

Il faut faire quelques remarques sur les tableaux précédents.

1°. En tenant compte de la constante arbitraire qu'il faut ajouter à $D_t\zeta$ avant la seconde intégration, et que nous désignerons par $\delta_1\zeta$, ainsi que de la partie de $\delta\varepsilon$ proportionnelle au temps, que nous désignerons par $t\,\delta_1\varepsilon$, on a, pour la partie de la longitude vraie proportionnelle au temps, dans le mouvement troublé,

$$nt + (\delta_1\zeta + \delta_1\varepsilon)\,t.$$

Le choix des éléments de l'ellipse que l'on considère comme représentant le mouvement non troublé étant arbitraire, on emprunte à l'observation l'élément le plus facile à déterminer exactement et le plus important, le moyen mouvement. Or l'observation fait connaître, non pas le moyen mouvement proprement dit $(n + \delta_1\zeta)\,t$, mais ce moyen mouvement augmenté de $t\,\delta_1\varepsilon$, et c'est d'après ce résultat de l'observation qu'on a calculé le grand axe. Le demi-grand axe correspondant au mouvement troublé n'est donc pas égal à celui que nous avons trouvé, mais à celui-là diminué de la quantité

$$D_n a\,\delta_1\varepsilon = -\frac{2a}{3n}\,\delta_1\varepsilon,$$

puisqu'il faut retrancher du moyen mouvement la quantité $\delta_1\varepsilon$ que l'on y avait d'abord comprise. En même temps, on disposera de l'arbitraire $\delta_1\zeta$ de façon que le moyen mouvement de l'ellipse non troublée soit précisément égal au moyen mouvement observé, ce qui revient à supposer

$$\delta_1\zeta = -\,\delta_1\varepsilon.$$

Il faudra donc ajouter à la valeur de δa la quantité

(1) $$\delta_1 a = \frac{2a}{3n}\,\delta_1\varepsilon.$$

En mettant pour $\delta\!\!\!\!\!\!\;\;\int \varepsilon$ sa valeur trouvée au § X, on a

(2) $$10^5 \delta\!\!\!\int a = -24.$$

La valeur de δr renferme le terme constant

$$10^5 \delta r = +18;$$

en y joignant le terme précédent, cette valeur se réduit à

(3) $$10^5 \delta r = -6.$$

2°. On prend pour équation du centre de l'ellipse non troublée celle que donne l'observation. Or, si l'on désigne par $\delta\!\!\!\int e$, $\delta\!\!\!\int \varpi$ les constantes arbitraires qu'introduit l'intégration dans les valeurs de δe, $\delta\varpi$, l'effet de la force perturbatrice sera d'ajouter à l'équation du centre la quantité

$$\left[2\left(1-\frac{3e^2}{8}\right)\delta\!\!\!\int e + 1'',671\right]\sin T - \left[2\left(1-\frac{e^2}{8}\right)e\delta\!\!\!\int \varpi - 1'',710\right]\cos T.$$

Pour que l'équation du centre continue à être représentée, dans le mouvement troublé, par la même expression, il suffira de disposer des arbitraires $\delta\!\!\!\int e$, $e\delta\!\!\!\int \varpi$ de manière que cette expression s'évanouisse, ce qui revient à prendre pour ellipse non troublée celle qui répondrait aux valeurs de e, ϖ, tirées de l'observation, augmentées des quantités $\delta\!\!\!\int e$, $\delta\!\!\!\int \varpi$ fournies par les équations

$$\delta\!\!\!\int e = -0'',836, \quad e\delta\!\!\!\int \varpi = 0'',855.$$

Mais alors il faut augmenter le rayon vecteur calculé avec les valeurs de e et de ϖ que donne l'observation, de la quantité

$$\delta\!\!\!\int r = D_e r \delta\!\!\!\int r + D_\varpi r \delta\!\!\!\int \varpi,$$

que l'on trouve égale, en la multipliant par 10^5, à

$$+4.\cos T - 2.\sin T.$$

Réunissant cette quantité à la perturbation de r qui dépend du même argument, on trouve

$$10^5 \delta r = 2.\cos T - 1.\sin T,$$

quantité que nous pouvons négliger.

3°. Nous avons réservé, pour être attribuées à la longitude moyenne, les inégalités à longue période dépendant des arguments $(5' - 2)$ et $(10' - 4)$, et, en conséquence, nous ne les avons pas fait entrer dans le calcul de $e\delta T$.

e..

Le calcul de δv donne encore, pour l'argument $(5'-2)$, l'inégalité

$$\delta v = -0'',01 \sin(5T'-2T) + 0'',25 \cos(5T'-2T).$$

Ajoutons et retranchons cette même inégalité à la longitude moyenne. Il résultera de l'addition,

$$\delta l = 419'',33 \sin(5T'-2T) + 994'',51 \cos(5T'-2T),$$

et de la soustraction, l'inégalité $-D_T v \delta v$, qui ajoute des quantités insensibles aux inégalités correspondantes aux arguments $(5'-3)$ et $(5'-1)$.

4°. Le maximum de l'inégalité δV de la longitude géocentrique correspondante à la distance moyenne et à une inégalité δr du rayon vecteur, est donnée par la formule

$$\delta r = (a^2 - 1)\,\delta V, \quad \text{d'où} \quad 10^5.\delta r = 12,6\,\delta V.$$

Si nous fixons la limite de δV à une demi-seconde, nous pourrons négliger toutes les inégalités du rayon vecteur pour lesquelles

$$10^5.\delta v < 6,3.$$

§ XV.

La latitude au-dessus du plan de l'orbite de Saturne est donnée par la formule

$$\sin s = \sin\gamma \sin(v - \Pi);$$

les perturbations de cette latitude ont donc pour expression

$$\delta s = \sin(v - \Pi)\,\delta\gamma + \sin\gamma \cos(v - \Pi)(\delta v - \delta\Pi).$$

On peut se dispenser d'avoir égard au terme en δv, en prenant pour argument de la latitude la longitude troublée. On peut d'ailleurs prendre, sans erreur sensible, les perturbations de la latitude par rapport au plan de l'orbite de Saturne au lieu des perturbations de la latitude rapportée à l'écliptique. Nous déterminerons donc les inégalités de la latitude au moyen de la formule

$$(1) \qquad \delta s = \sin(v - \Pi)\,\delta\gamma - \cos(v - \Pi)\sin\gamma\,\delta\Pi.$$

Changeons maintenant, s'il est nécessaire, le signe de l'argument pour rendre le coefficient de l' positif, et soit

$$(2)\qquad \begin{cases} \delta\gamma = \Sigma\left[(\mathrm{P}+\mathrm{P}')\cos p + (\mathrm{Q}+\mathrm{Q}')\sin p\right], \\ \sin\gamma\,\delta\Pi = \Sigma\left[(\mathrm{P}-\mathrm{P}')\sin p - (\mathrm{Q}-\mathrm{Q}')\cos p\right]. \end{cases}$$

Si l'on a posé, avant le changement de signe,

$$\delta_2\gamma + \delta_3\gamma = \Sigma\,(\mathrm{C}''\cos p + \mathrm{D}''\sin p),$$

il est aisé de voir qu'il faudra prendre, pour les arguments qui ne changent pas de signe,

$$\mathrm{P} = \mathrm{C} + \tfrac{1}{2}\mathrm{C}'', \quad \mathrm{Q} = \mathrm{D} + \tfrac{1}{2}\mathrm{D}'',$$

$$\mathrm{P}' = \mathrm{C}' + \tfrac{1}{2}\mathrm{C}'', \quad \mathrm{Q}' = \mathrm{D}' + \tfrac{1}{2}\mathrm{D}'';$$

et pour les arguments qui changent de signe,

$$\mathrm{P} = \mathrm{C}' + \tfrac{1}{2}\mathrm{C}'', \quad \mathrm{Q} = -\,\mathrm{D}' - \tfrac{1}{2}\mathrm{D}'',$$

$$\mathrm{P}' = \mathrm{C} + \tfrac{1}{2}\mathrm{C}'', \quad \mathrm{Q}' = -\,\mathrm{D} - \tfrac{1}{2}\mathrm{D}''.$$

Cela posé, en négligeant les produits de $\delta\gamma$, $\sin\gamma\,\delta\Pi$ par les puissances de l'excentricité supérieures à la première, on prendra

$$v = l + 2e\sin\mathrm{T},$$

d'où, en faisant toujours $\varpi - \Pi = \vartheta$,

$$\sin(v-\Pi) = \sin(\mathrm{T}+\vartheta) + e\sin(2\mathrm{T}+\vartheta) - e\sin\vartheta,$$
$$\cos(v-\Pi) = \cos(\mathrm{T}+\vartheta) + e\cos(2\mathrm{T}+\vartheta) - e\cos\vartheta.$$

Si l'on suppose maintenant

$$\delta s = \Sigma\{(p)\sin p + [p]\cos p\},$$

on aura, pour les expressions générales des coefficients (p), $[p]$,

$$\begin{aligned} (p) = {} & (-\,\mathrm{P}_{p+\mathrm{T}} + \mathrm{P}'_{p-\mathrm{T}})\cos\vartheta + (\mathrm{Q}_{p+\mathrm{T}} + \mathrm{Q}'_{p-\mathrm{T}})\sin\vartheta \\ & + e(-\,\mathrm{P}_{p+2\mathrm{T}} + \mathrm{P}'_{p-2\mathrm{T}})\cos\vartheta + e(\mathrm{Q}_{p+2\mathrm{T}} + \mathrm{Q}'_{p-2\mathrm{T}})\sin\vartheta \\ & - e(\mathrm{Q}_p - \mathrm{Q}'_p)\cos\vartheta - e\,\mathrm{Q}_p + \mathrm{Q}'_p)\sin\vartheta, \\ [p] = {} & (\mathrm{P}_{p+\mathrm{T}} + \mathrm{P}'_{p-\mathrm{T}})\sin\vartheta + \mathrm{Q}_{p+\mathrm{T}} - \mathrm{Q}'_{p-\mathrm{T}})\cos\vartheta \\ & + e(\mathrm{P}_{p+2\mathrm{T}} + \mathrm{P}'_{p-2\mathrm{T}})\sin\vartheta + e(\mathrm{Q}_{p+2\mathrm{T}} - \mathrm{Q}'_{p-2\mathrm{T}})\cos\vartheta \\ & - e(\mathrm{P}_p + \mathrm{P}'_p)\sin\vartheta - e(\mathrm{P}_p - \mathrm{P}'_p)\cos\vartheta. \end{aligned}$$

Voici le tableau des quantités P, Q, P′, Q′ :

ARGUMENT.	P	Q	P′	Q′
	″	″	″	″
(1′— 1)	+ 0,07	— 0,33	+ 0,02	— 0,09
(2′— 2)	— 0,10	— 0,04	+ 0,23	+ 0,10
(3′— 3)	— 0,03	+ 0,03	+ 0,06	— 0,09
(4′— 4)	+ 0,01	+ 0,02	— 0,03	— 0,04
(5′— 5)	+ 0,01	— 0,00	— 0,02	+ 0,01
(1)	+ 0,04	+ 0,03	— 0,02	+ 0,02
(1′)	+ 0,03	— 0,12	+ 0,07	+ 0,12
(1′— 2)	— 0,01	+ 0,00	— 0,03	— 0,02
(2′— 1)	+ 0,23	— 0,02	— 0,31	+ 0,09
(2′— 3)	»	»	— 0,01	+ 0,02
(3′— 2)	— 0,01	— 0,05	+ 0,05	+ 0,09
(3′— 4)	»	»	+ 0,02	+ 0,00
(4′— 3)	— 0,02	+ 0,00	+ 0,05	— 0,02
(4′— 5)	»	»	+ 0,01	— 0,01
(5′— 4)	+ 0,00	+ 0,00	— 0,01	— 0,03
(5′— 6)	»	»	— 0,01	— 0,00
(2)	— 0,10	— 0,12	»	»
(1′+ 1)	— 0,56	+ 0,30	»	»
(1′— 3)	»	»	+ 0,05	+ 0,06
(2′)	+ 0,10	+ 0,37	»	»
(2′— 4)	»	»	+ 0,03	— 0,02
(3′— 1)	+ 0,97	— 0,06	+ 0,01	+ 0,01
(3′— 5)	»	»	— 0,00	— 0,02
(4′— 2)	— 0,04	+ 0,33	— 0,00	+ 0,01
(4′— 6)	»	»	— 0,01	+ 0,00
(5′— 3)	+ 0,08	+ 0,03	»	»
(6′— 4)	+ 0,02	— 0,03	»	»
(1′+ 2)	— 0,02	— 0,01	»	»
(2′+ 1)	— 0,05	+ 0,01	»	»
(3′)	— 0,01	— 0,06	»	»
(4′— 1)	+ 0,10	+ 0,04	»	»
(5′— 2)	+ 1,93	— 3,12	+ 0,12	— 0,13
(6′— 3)	+ 0,05	+ 0,05	»	»
(7′— 4)	+ 0,02	— 0,01	»	»

ARGUMENT.	P	Q	P′	Q′
	″	″	″	″
(4′)	— 0,01	+ 0,01	»	»
(5′— 1)	+ 0,02	— 0,02	»	»
(6′— 2)	+ 0,05	— 0,03	»	»
(7′— 3)	+ 0,04	+ 0,11	»	»

§ XVI.

Au moyen de ce tableau, on trouve pour δs la valeur suivante :

ARGUMENT.	δs Sinus.	δs Cosinus.	ARGUMENT.	δs Sinus.	δs Cosinus.
	″	″		″	″
(0)	»	+ 0,04	(5′— 4)	— 0,18	+ 0,08
(1′— 1)	— 0,12	— 0,06			
(2′— 2)	— 0,09	+ 0,20	(1′+ 1)	+ 0,12	+ 0,02
(3′— 3)	— 0,05	+ 0,02	(2′)	+ 0,00	— 0,37
			(3′— 1)	+ 0,07	— 0,06
(1′)	+ 0,43	— 0,33	(4′— 2)	— 0,02	+ 0,16
(1′+ 2)	— 0,26	— 0,06	(5′— 3)	— 3,67	+ 0,43
(2′— 1)	+ 0,49	+ 0,42			
(2′— 3)	— 0,02	— 0,06	(5′— 2)	+ 0,15	— 0,02
(3′— 2)	— 0,52	+ 0,95	(6′— 3)	— 0,05	+ 0,03
(4′— 3)	— 0,26	+ 0,09	(7′— 4)	+ 0,09	+ 0,12

Nous ferons sur cette valeur des remarques analogues à celles que nous avons faites sur la valeur de δv. En désignant par $\Delta\gamma$, $\Delta\Pi$ les constantes arbitraires que l'intégration introduit dans les valeurs de $\delta\gamma$, $\delta\Pi$, le terme dépendant de l'argument (1) sera

$$(\cos 8\,\Delta\gamma + \sin\gamma\,\Delta\Pi - 0'',06)\sin T + (\sin 8\,\Delta\gamma - \cos 8 \sin\gamma\,\Delta\Pi - 0'',14)\cos T.$$

En prenant pour valeurs de l'inclinaison et de la longitude du nœud celles que fournit l'observation de la latitude et de l'argument de la latitude, on suppose nulle la perturbation qui dépend du même argument que la partie principale de la latitude, ce qui revient à déterminer les arbitraires $\Delta\gamma$, $\Delta\Pi$, de telle sorte que l'expression précédente s'évanouisse. On trouve ainsi :

$$\Delta\gamma = 0'',151, \quad \sin\gamma\,\Delta\Pi = 0'',001.$$

§ XVII.

Comme vérification, j'ai calculé de nouveau les variations des éléments dans l'ellipse ordinaire, en modifiant les termes qui contiennent dans leur expression les quantités $b_{\frac{1}{2}}^{(1)}$, $b_{\frac{3}{2}}^{(0)}$ et leurs dérivées. On remplace, dans la valeur de R, b_1 par $b_1 - \alpha$, b'_1 par $b'_1 - \alpha$, β_0 par $\beta_0 - 2$.

On trouve ainsi, pour la valeur de R et pour les variations des éléments qui en dépendent,

ARGUMENT.	R		$\delta\zeta$		$10^5\,\delta a$		$\delta_2 e$	
	Cosinus.	Sinus.	Sinus.	Cosinus.	Cosinus.	Sinus.	Cosinus.	Sinus.
			$''$	$''$			$''$	$''$
$(1'-1)$	$-\bar{3},1732$	$+\bar{3},8964$	$+3,84$	$+20,29$	$+4$	-20	$-0,02$	$+0,10$
$(2'-2)$	$+\bar{2},38939$	$+\bar{2},03005$	$-31,57$	$+13,80$	-63	-28	$+0,30$	$+0,13$
$(2-1')$	$-\bar{4},591$	$+\bar{4},682$	$-0,28$	$-0,35$	$+1$	-1	»	»
$(2-1)$	$-\bar{3},60663$	$-\bar{4},36588$	$+98,05$	$-5,61$	$+32$	$+2$	$-0,15$	$-0,01$
$(3-2')$	$+\bar{4},811$	$-\bar{4},946$	$+0,37$	$+0,51$	-1	$+2$	»	»
$(3'-2)$	$+\bar{3},5358$	$+\bar{3},6491$	$-10,09$	$+13,06$	-13	-18	$+0,06$	$+0,08$
$(1'+1)$	$+\bar{4},050$	$-\bar{5},224$	$+0,05$	$+0,01$	»	»	»	»
$(3-1')$	$-\bar{5},535$	$+\bar{5},504$	$-0,01$	$-0,02$	»	»	»	»
$(3'-1)$	$-\bar{4},8476$	$-\bar{4},5327$	$+14,95$	$-7,22$	-5	-3	$+0,02$	$+0,01$
$(4'-1)$	$-\bar{5},872$	$-\bar{5},877$	$+0,18$	$-0,19$	»	»	»	»

Aux arguments $(1'+2)$, $(2'+1)$ répondent des inégalités tout à fait insensibles. La partie de la grande inégalité de Jupiter qui dépend des termes du cinquième ordre est sensiblement la même dans l'ellipse d'Hamilton et dans l'ellipse ordinaire. En effet, dans l'ellipse ordinaire la partie de la fonction perturbatrice qui pourrait offrir des différences, renferme le terme 3125α pour le cas de Jupiter troublé par Saturne, et ce terme est remplacé par $\frac{500}{\alpha^2}$ dans le cas de Saturne troublé par Jupiter. Dans l'ellipse d'Hamilton, le terme correspondant est, dans les deux cas, égal à $1250\,g$. Or, en vertu du rapport qui existe entre les moyennes distances des deux planètes, les trois valeurs

$$3125\alpha = 1704,5, \quad \frac{500}{\alpha^2} = 1680,4, \quad 1250g = 1691,5,$$

diffèrent très-peu entre elles, et la différence des valeurs que donnent les deux ellipses pour le moyen mouvement n'atteint pas un centième de seconde.

On a ensuite, pour les perturbations des autres éléments,

ARGUMENT.					$\delta_2 \varepsilon$		$\delta_1 \varepsilon$	
	2 A	2 B	2 A'	2B'	Sinus.	Cosinus.	Sinus.	Cosinus.
(1' — 1)	+ 0",88	+ 1",77	−2",38	−1",26	+0",04	−0",04	+ 5",58	+ 28",35
(2' — 2)	— 0,35	— 1,51	+0,96	+1,11	−0,02	−0,03	−29,60	+ 12,84
(1')	— 6,50	+ 32,91	−0,38	+0,14	−0,07	−0,39	— 6,67	+ 5,88
(2 — 1')	— 0,51	— 2,33	+0,04	−0,05	−0,01	+0,03	— 0,05	— 0,54
(2' — 1)	−245,62	−107,20	−0,78	−0,92	−2,95	+1,28	+32,90	+ 3,61
(3 — 2')	— 5,64	+ 2,45	+0,02	+0,05	−0,07	−0,03	+ 0,23	+ 0,56
(3' — 2)	— 25,72	+ 35,65	+0,17	+0,38	−0,31	−0,43	— 5,38	+ 10,26
(1' + 1)	— 0,98	— 0,65	»	»	−0,01	+0,01	+ 0,17	+ 0,03
(2')	— 6,09	+ 0,35	−0,02	−0,00	−0,07	−0,01	+ 0,07	+ 0,47
(3 — 1')	— 0,16	— 0,12	»	»	»	»	— 0,02	— 0,03
(3' — 1)	+ 32,23	+ 43,66	+0,04	+0,12	+0,39	−0,53	— 5,39	+ 2,57
(1' + 2)	+ 0,01	— 0,01	»	»	»	»	»	»
(2' + 1)	— 0,03	— 0,09	»	»	»	»	+ 0,01	— 0,01
(3')	— 0,69	— 0,26	»	»	−0,01	+0,00	+ 0,04	+ 0,02
(4' — 1)	+ 0,23	+ 2,83	»	»	+0,00	−0,03	— 0,17	+ 0,23
(5' — 2)	+151,22	+ 12,53	+0,19	−0,29	+1,82	−0,15	−12,59	— 12,08

En calculant la valeur résultante de δv, et la divisant par $1 + \frac{1}{1050}$, on trouve :

ARGUMENT.	δv		ARGUMENT.	δv	
	Sinus.	Cosinus.		Sinus.	Cosinus.
(1' - 1)	+ 15",20	+ 79",35	(1' + 1)	— 0",63	+ 0",34
(2' — 2)	+186,01	— 77,90	(1' — 3)	+ 0,03	+ 0,32
(3' — 3)	+ 6,52	+ 16,92	(2')	+ 5,11	+ 1,25
(1')	— 7,72	+ 8,19	(3' — 1)	+ 10,05	— 4,82
(1' — 2)	+ 0,48	+ 5,23	(1' + 2)	— 0,04	+ 0,02
(2' — 1)	+131,97	+ 0,33	(2' + 1)	+ 0,31	+ 0,06
(2' — 3)	+ 11,46	— 5,18	(3')	+ 0,51	— 0,30
(3' — 2)	— 48,92	+ 66,67			

Ces valeurs s'accordent sensiblement avec celles que nous avons obtenues précédemment, avec des variations toutes différentes attribuées aux éléments elliptiques.

On soumettrait aisément à la même vérification les valeurs de δr et de δs.

§ XVIII.

Occupons-nous maintenant du calcul des perturbations produites sur Jupiter par Uranus, que nous désignerons provisoirement par m''.

On trouve d'abord, pour Jupiter et Uranus,

$$g = 1,919199.$$

En prenant le tableau des nombres $b_s^{(i)}$ dans les *Additions à la Connaissance des Temps* pour 1849, on trouve les valeurs suivantes pour R, $\delta\zeta$:

ARGUMENT.	R		$\delta\zeta$	
	Cosinus.	Sinus.	Sinus.	Cosinus.
$(1''-1)$	$-\bar{2},89294$	$-\bar{2},53384$	$+14'',21$	$-6'',22$
$(2''-2)$	$-\bar{3},3364$	$-\bar{3},3479$	$+0,20$	$-0,20$
$(3''-3)$	$+\bar{4},304$	$+\bar{4},779$	$-0,01$	$+0,04$
(1)	$+\bar{4},075$	$-\bar{6},904$	$+0,02$	$+0,00$
$(2-1'')$	$-\bar{3},607$	$+\bar{3},243$	$-0,32$	$-0,14$
$(2''-1)$	$-\bar{3},435$	$-\bar{3},001$	$+0,71$	$-0,26$
$(3-2'')$	$-\bar{4},016$	$+\bar{4},114$	$-0,01$	$-0,01$
$(3''-2)$	$-\bar{4},586$	$-\bar{4},703$	$+0,04$	$-0,06$
$(4''-3)$	$+\bar{5},681$	$+\bar{4},293$	$-0,00$	$+0,01$
$(1''+1)$	$+\bar{5},830$	$-\bar{6},521$	$+0,01$	$+0,00$
$(3-1'')$	$-\bar{4},354$	$+\bar{5},988$	$-0,01$	$-0,01$
$(3''-1)$	$-\bar{5},852$	$+\bar{6},967$	$+0,03$	$+0,00$
$(4''-2)$	$-\bar{5},688$	$-\bar{5},897$	$+0,01$	$-0,01$

d'où résulte

$$\delta_2 e = -0'',10 \cos(1''-1) - 0'',04 \sin(1''-1).$$

On a ensuite, pour les autres perturbations :

ARGUMENT.	$\delta_1 \varepsilon$			
	Sinus.	Cosinus.	2 A	2 B
$(1''-1)$	$-6'',23$	$+2'',72$	$+0'',19$	$+0'',07$
$(2''-2)$	$+0,21$	$-0,23$	$+0,01$	$+0,02$
$(3''-3)$	$-0,02$	$+0,07$	$-0,00$	$-0,01$

ARGUMENT.	$\delta_1\varepsilon$ Sinus.	Cosinus.	2A	2B
	"	"	"	"
(1)	+ 0,03	+ 0,00	− 0,19	»
(1″)	− 0,88	+ 0,30	+12,90	+ 5,64
(2 − 1″)	+ 0,12	+ 0,06	+ 4,10	− 1,79
(2″ − 1)	− 0,51	+ 0,27	+ 0,76	+ 0,82
(3 − 2″)	− 0,01	− 0,01	+ 0,06	− 0,07
(3″ − 2)	+ 0,05	− 0,07	− 0,06	− 0,16
(4 − 3″)	»	»	− 0,01	+ 0,02
(1″ + 1)	»	»	− 0,11	− 0,04
(3 − 1″)	»	»	+ 0,29	− 0,13
(2″)	− 0,05	+ 0,02	+ 0,78	+ 0,44
(3″ − 1)	− 0,05	+ 0,04	+ 0,18	+ 0,24
(3″)	»	»	+ 0,04	+ 0,03

ARGUMENT.	2A′	2B′
(1″ − 1)	− 0″,22	− 0″,09
(2″ − 2)	+ 0,18	+ 0,07
(3″ − 3)	+ 0,01	+ 0,02

ARGUMENT.	$\delta_2\varepsilon$ Sinus.	Cosinus.
(1″)	+ 0″,15	− 0″,07
(2 − 1″)	+ 0,05	+ 0,02
(2″ − 1)	+ 0,01	− 0,01
(2″)	+ 0,01	− 0,00

On conclut de là, pour les perturbations de la longitude vraie,

ARGUMENT.	δv Sinus.	Cosinus.
(1″ − 1)	− 0″,81	+ 0″,35
(2″ − 2)	− 0,32	+ 0,35
(3″ − 3)	+ 0,01	− 0,03
(1″)	− 0,29	+ 0,40

ARGUMENT.	δv Sinus.	Cosinus.
(2″ − 1)	− 0″,37	+ 0″,35
(3″ − 2)	− 0,08	+ 0,11
(2″)	− 0,02	+ 0,01
(3″ − 1)	− 0,06	+ 0,06

Les perturbations du rayon vecteur et de la latitude sont insensibles.

Pour les variations séculaires des éléments, on trouve, en calculant la partie constante de R,

$$(1)\quad \begin{cases} 2\delta e = 0'',00100t, & \delta\varpi = 0'',1025t, \\ \delta\gamma = 0,00001t & \sin\gamma\delta\Pi = -0,00098t, \end{cases}$$

f..

d'où l'on déduit

(2) $$\delta\varphi = 0'',0046t, \quad \delta\theta = -0'',0377t.$$

Enfin la partie de $\delta\varepsilon$ proportionnelle au temps est

(3) $$\delta\varepsilon = -0'',1000t,$$

§ XIX.

Pour obtenir les perturbations produites par Neptune, j'ai d'abord calculé, par la méthode des séries, le tableau des quantités b et de leurs dérivées. J'ai supposé exact le temps de la révolution 60127 jours. Si ce nombre venait à être modifié, il serait aisé de corriger les nombres de ce tableau au moyen des formules (3) du § III [*].

On a d'abord

$$\log \alpha = \bar{1},2385795.$$

	b	b'	b''	b'''	b^{IV}
$s=\frac{1}{2}$, $i=0$	2,015 260	0,031 048	0,033 206	0,006 752	0,008 194
1	0,175 199	0,179 248	0,012 459	0,014 063	0,005 118
2	0,022 789	0,046 163	0,048 553	0,007 460	0,008 971
3	0,003 286	0,009 963	0,020 380	0,022 238	
4	0,000 499	0,002 010	0,006 116	0,012 661	
5	0,000 078	0,000 382			
6	0,000 012				
$s=\frac{3}{2}$, $i=0$	2,141 608	0,296 973	0,354 311		
1	0,550 201	0,614 099	0,203 230		
2	0,118 677	0,250 224	0,303 953		
3	0,023 937	0,074 315			
$s=\frac{5}{2}$, $i=0$	2,411 955				
2	0,294 376				

On a ensuite

$$g = 2,401533,$$

$$\log \sin \tfrac{1}{2}\gamma = \bar{3},9223032, \quad \Pi = 251^{\text{gr}},5928, \quad \Omega = 286^{\text{gr}},4054$$

$$\aleph = 16^{\text{gr}},5928, \quad \aleph''' = 56,7098, \quad \omega = 40,1170.$$

[*] Les calculs ont été faits en adoptant l'ancienne masse de cette planète $\frac{1}{14446}$.

On a, d'après cela, les valeurs suivantes :

ARGUMENT.	R Cosinus.	R Sinus.	$\delta\zeta$ Sinus.	$\delta\zeta$ Cosinus.	$\delta_1 \varepsilon$ Sinus.	$\delta_1 \varepsilon$ Cosinus.	2A	2B
			$''$	$''$	$''$	$''$	$''$	$''$
$(1'''-1\ )$	$+\bar{2},77670$	$-\bar{2},63980$	$-15,38$	$-11,29$	$+5,94$	$+4,33$	$-0,23$	$+0,17$
$(2'''-2\ )$	$-\bar{4},312$	$+\bar{4},845$	$+0,03$	$+0,09$	$+0,04$	$+0,12$	$+0,00$	$-0,01$
$(1'''\ \ )$	»	»	»	»	$+0,71$	$+0,54$	$-14,67$	$+10,70$
$(2-1''')$	$+\bar{3},477$	$+\bar{3},341$	$+0,36$	$-0,26$	$-0,13$	$+0,09$	$-4,79$	$-3,50$
$(2'''-1\ )$	$+\bar{4},711$	$-\bar{4},658$	$-0,16$	$-0,14$	$+0,05$	$+0,01$	$+0,13$	$-0,38$
$(3-2''')$	»	»	»	»	»	»	$+0,01$	$+0,04$
$(1'''+1)$	»	»	»	»	»	»	$+0,12$	$-0,08$
$(3-1''')$	»	»	»	»	»	»	$-0,35$	$-0,25$
$(3'''\ \ )$	»	»	»	»	»	»	$-0,07$	$-0,09$

ARGUMENT.	2A′	2B′	$\delta_2 e$ Cosinus.	$\delta_2 e$ Sinus.
	$''$	$''$	$''$	$''$
$(1'''-1)$	$+0,23$	$-0,17$	$+0,12$	$-0,08$
$(2'''-2)$	$-0,04$	$+0,04$	»	»

ARGUMENT.	$\delta_2 \varepsilon$ Sinus.	$\delta_2 \varepsilon$ Cosinus.
	$''$	$''$
$(1'''\ \ )$	$-0,18$	$-0,13$
$(2-1''')$	$-0,06$	$+0,04$

On tire de là :

ARGUMENT.	δv Sinus.	δv Cosinus.
	$''$	$''$
$(1'''-1)$	$+0,31$	$+0,23$
$(2'''-3)$	$-0,05$	$-0,14$
$(1'''\ \ )$	$+0,01$	$+0,03$

ARGUMENT.	δv Sinus.	δv Cosinus.
	$''$	$''$
$(1'''-2)$	$+0,02$	$+0,02$
$(2'''-1)$	$-0,07$	$-0,24$

En calculant la partie constante de R, on en tire, pour les variations séculaires des éléments,

$$(1)\qquad \begin{cases} 2\delta e = 0'',00007\,t, & \delta\varpi = 0'',0302\,t, \\ \delta\varphi = -0,000001\,t, & \sin\gamma\delta\Pi = -0,000524\,t, \end{cases}$$

d'où résulte

$$(2)\qquad \delta\varphi = -0''00051\,t, \quad \delta\theta = 0'',0049\,t.$$

Enfin, la partie de $\delta\varepsilon$ proportionnelle au temps est

$$\delta\varepsilon = -0'',0406\,t.$$

§ XX.

Il ne reste plus qu'à calculer les perturbations que Jupiter éprouve de la part des planètes inférieures. Ces perturbations sont très-petites, et se réduisent sensiblement à un seul terme, dépendant de la simple différence des longitudes moyennes.

La quantité g étant, dans ces théories, très-considérable par rapport aux quantités b, il suffit de considérer les termes de δl, δe, $e\delta\varpi$ dans lesquels entre g. Si l'on pose

$$\delta l = \mathrm{M}\sin(l' - l), \quad \delta e = \mathrm{N}\cos(l' - 2l + \varpi),$$

d'où

$$e\delta\varpi = -\mathrm{N}\sin(l' - 2l + \varpi),$$

on en conclura

$$\delta v = (\mathrm{M} + 2\mathrm{N})\sin(l' - l).$$

Remarquons qu'en se servant de la méthode de M. Hamilton, on n'a à calculer que des termes relatifs aux deux arguments $(1' - 1)$, $(1' - 2)$, tandis que, dans le calcul par l'ellipse ordinaire, il faudrait tenir compte, en outre, de l'argument $(1')$, qui fournit des termes du même ordre de grandeur que les précédents.

Cela posé, en désignant Mars, la Terre et Vénus respectivement par $m_{,}$, $m_{,,}$, $m_{,,,}$, on trouve, pour les perturbations produites par ces planètes sur Jupiter,

$$\begin{aligned}\delta v = {} & 0'',07 \sin(l_{,} - l) \\ & + 0,11 \sin(l_{,,} - l) \\ & + 0,07 \sin(l_{,,,} - l).\end{aligned}$$

Voici enfin le tableau des variations séculaires produites par ces planètes :

	Mars.	La Terre.	Vénus.	Mercure.
$\frac{2\delta e}{t}$	$-0'',00013$	$+0'',00007$	$+0'',00001$	$+0'',00001$
$\frac{\delta\varpi}{t}$	$+0,0014$	$+0,0092$	$+0,0041$	$+0,0002$
$\frac{1}{t}\sin\gamma\delta\Pi$	$-0,000078$	»	$-0,000161$	$-0,000026$
$\frac{\delta\varphi}{t}$	$+0,00001$	»	$+0,00001$	»
$\frac{\delta\theta}{t}$	$-0,0003$	$-0,0092$	$+0,0056$	$+0,0004$
$\frac{\delta\varepsilon}{t}$	$+0,0873$	$+0,6335$	$+0,5517$	$+0,1083$

§ XXI.

En réunissant les parties dues aux actions des différentes planètes, on trouve, pour les variations séculaires du premier ordre des éléments de Jupiter,

$$2\delta e = 0'',5416\,t, \qquad \delta\varpi = 6'',415\,t,$$
$$\delta\varphi = -0,0749\,t, \qquad \delta\theta = 6,371\,t.$$

Enfin, la partie de $\delta\varepsilon$ proportionnelle au temps est

$$\delta\varepsilon = -6'',3749\,t,$$

ce qui réduit la formule (2) du § XIV à

$$10^5.\delta a = -20,2,$$

et la partie constante de δr à

$$10^5.\delta r = -2;$$

cette partie constante est donc négligeable.

§ XXII.

Il reste à calculer les perturbations du second ordre par rapport aux masses. Les seules qui soient sensibles sont dues aux variations des éléments de Jupiter et de Saturne. Il faut donc calculer d'abord les perturbations principales des éléments de Saturne. Ce calcul se fera très-simplement au moyen des nombres déjà obtenus.

L'intégration de la même fonction perturbatrice, différentiée par rapport à l', donne immédiatement les valeurs de $\delta\zeta'$, $\delta a'$, $\delta_2 e'$.

On calcule, par les mêmes moyens que ci-dessus, $\delta_1 e'$, $e'\delta_1\varpi'$, ou, ce qui revient au même, les quantités A, B, A', B' relatives à Saturne, et l'on en déduit la valeur de $\delta_2\varepsilon$.

On peut négliger, pour l'usage que nous nous proposons, les perturbations $\delta_3\varepsilon'$, $\delta_2\varpi'$, et, en général, tout ce qui dépend de $\delta\gamma'$, $\delta\Pi'$.

Enfin, si l'on fait $mn'a' = k'$, pour obtenir

$$\delta_1\varepsilon' = 2\int kdt.a'D_{a'}R,$$

remarquons que, la fonction R étant homogène du degré -1 par rapport à a et à a', on a

$$a'D_{a'}R = -R - aD_aR,$$

d'où l'on déduit, à cause de la valeur de $\delta_{\iota}\varepsilon$,

$$\delta_{\iota}\varepsilon' = -2k'\int \mathrm{R}\,dt - \frac{k'}{k}\delta_{\iota}\varepsilon. \tag{1}$$

On trouve ainsi les valeurs suivantes, que nous donnerons par leurs logarithmes :

ARGUMENT.	$\delta l'$ Sinus.	$\delta l'$ Cosinus.	$\delta a'$ Cosinus.	$\delta a'$ Sinus.	$D_t D_t \delta_{\iota}\varepsilon'$ Sinus.	$D_t D_t \delta_{\iota}\varepsilon'$ Cosinus.
(0)	»	»	$+\bar{2},2011$	»	»	»
(1′ − 1)	$+\bar{1},919$	− 0,782	$+\bar{3},2730$	$-\bar{3},9047$	+ 1,1048	+ 1,7944
(2′ − 2)	+ 2,1306	− 1,7690	$+\bar{3},4578$	$+\bar{3},0882$	− 2,1184	+ 1,7604
(3′ − 3)	+ 1,508	+ 1,646	$-\bar{4},923$	$-\bar{3},056$	− 1,871	− 2,011
(4′ − 4)	− 1,183	+ 1,234	$-\bar{4},638$	$-\bar{4},700$	+ 1,814	− 1,863
(5′ − 5)	− 0,949	− 0,702	$-\bar{4},449$	$+\bar{4},171$	+ 1,784	+ 1,542
(6′ − 6)	+ 0,097	− 0,651	»	»	− 1,100	+ 1,652
(1)	− 0,673	− 0,645	»	»	+ 0,401	+ 0,348
(1′)	+ 0,905	− 1,3032	$+\bar{3},0636$	$+\bar{4},9432$	»	»
(2 − 1′)	$+\bar{1},310$	+ 0,6556	$+\bar{5},509$	$+\bar{4},404$	$-\bar{1},783$	− 0,609
(2′ − 1)	− 2,4855	+ 0,972	$-\bar{3},4265$	$-\bar{3},0950$	+ 1,1156	+ 0,8843
(3 − 2′)	− 0,083	− 0,379	$+\bar{5},617$	$-\bar{5},742$	+ 0,552	+ 0,840
(3′ − 2)	+ 1,583	− 1,734	$+\bar{4},9597$	$+\bar{3},0704$	− 1,242	+ 1,452
(4 − 3′)	− 0,314	$+\bar{1},747$	$+\bar{5},753$	$+\bar{5},309$	+ 1,015	− 0,465
(4′ − 3)	+ 1,373	+ 1,004	$+\bar{4},813$	$-\bar{4},501$	− 1,572	− 1,145
(5′ − 4)	− 0,394	+ 1,080	$-\bar{5},970$	$-\bar{4},574$	+ 0,822	− 1,590
(6′ − 5)	− 0,797	$-\bar{1},831$	$-\bar{4},345$	$+\bar{6},964$	+ 1,536	$-\bar{1},009$
(7′ − 6)	$-\bar{1},824$	− 0,623	$-\bar{5},311$	$+\bar{4},089$	»	»
(8′ − 7)	+ 0,243	$-\bar{1},877$	»	»	»	»
(2)	$-\bar{2},991$	$+\bar{1},093$	»	»	$+\bar{1},290$	$-\bar{1},407$
(1′ + 1)	$-\bar{1},719$	$-\bar{1},364$	$-\bar{6},718$	$+\bar{6},380$	$+\bar{1},602$	$+\bar{1},00$
(3 − 1′)	$+\bar{2},771$	$+\bar{1},260$	$+\bar{7},964$	$+\bar{6},967$	$-\bar{1},401$	$-\bar{1},733$
(2′)	$-\bar{1},127$	− 0,244	$+\bar{5},540$	$+\bar{4},004$	»	»
(3′ − 1)	− 1,3865	+ 1,1361	$+\bar{4},8636$	$+\bar{4},3800$	+ 0,3391	$-\bar{1},3144$
(4′ − 2)	+ 0,316	− 1,5350	$+\bar{5},8659$	$+\bar{4},7741$	$+\bar{1},747$	+ 0,7310
(5′ − 3)	+ 0,942	− 0,094	$+\bar{4},385$	$+\bar{5},126$	− 0,900	+ 0,292
(6′ − 4)	+ 0,140	+ 0,598	$+\bar{5},532$	$-\bar{4},118$	− 0,589	− 0,948

ARGUMENT.	$\delta l'$		$\delta a'$		$D_, D_, \delta_, \varepsilon'$	
	Sinus.	Cosinus.	Cosinus.	Sinus.	Sinus.	Cosinus.
(7′— 5)	$-\ 0,300$	$+\ 0,067$	$-\ \bar{5},863$	$-\ \bar{5},555$	$+\ 0,917$	$-\ 0,743$
(8′— 9)	$-\ \bar{1},948$	$-\ \bar{1},996$	$-\ \bar{5},483$	$+\ \bar{5},586$	$+\ 0,811$	$+\ 0,817$
(9′— 7)	$+\ \bar{1},695$	$-\ \bar{1},820$	$+\ \bar{5},314$	$+\ \bar{5},383$	$-\ 0,677$	$+\ 0,840$
(2′+ 1)	$-\ \bar{2},645$	$+\ \bar{2},20$	$-\ \bar{7},896$	$-\ \bar{7},159$	$+\ \bar{2},638$	$-\ \bar{2},31$
(3′)	$-\ \bar{2},921$	$-\ \bar{1},104$	$-\ \bar{6},226$	$+\ \bar{6},938$	»	»
(4′— 1)	$+\ \bar{2},290$	$-\ \bar{2},083$	$+\ \bar{5},556$	$+\ \bar{5},410$	$+\ \bar{1},325$	$-\ \bar{1},241$
(5′— 2)	$-\ 3,0134$	$-\ 3,3886$	$+\ \bar{3},0394$	$-\ \bar{3},4090$	$+\ \bar{1},706$	$+\ \bar{1},764$
(6′— 3)	$+\ 0,4219$	$-\ 0,3224$	$+\ \bar{5},812$	$+\ \bar{5},634$	$-\ \bar{1},962$	$+\ 0,018$
(7′— 4)	$+\ \bar{1},990$	$+\ \bar{1},914$	$+\ \bar{5},445$	$-\ \bar{5},457$	$-\ 0,208$	$-\ 0,018$
(8′— 5)	$-\ \bar{1},494$	$+\ \bar{1},789$	$-\ \bar{5},151$	$-\ \bar{5},311$	$+\ \bar{1},96$	$-\ 0,319$
(9′— 6)	$-\ \bar{1},612$	$-\ \bar{1},124$	$-\ \bar{5},173$	$+\ \bar{6},807$	$+\ 0,368$	$+\ 1,75$
(10′— 7)	$-\ \bar{2},26$	$-\ \bar{1},43$	$-\ \bar{6},340$	$+\ \bar{5},021$	$-\ \bar{2},5$	$+\ 0,37$
(5′— 1)	$+\ \bar{3},36$	$-\ \bar{2},405$	$+\ \bar{6},307$	$+\ \bar{6},498$	$+\ \bar{2},016$	$-\ \bar{2},500$
(6′— 2)	$-\ \bar{2},978$	$-\ \bar{1},161$	$+\ \bar{5},040$	$-\ \bar{6},885$	$+\ \bar{2},906$	$+\ 2,374$
(7′— 3)	$+\ 0,1700$	$-\ 0,5419$	$+\ \bar{5},254$	$+\ \bar{5},573$	$-\ \bar{2},388$	$+\ \bar{1},314$
(8′— 4)	$+\ \bar{1},597$	$+\ \bar{2},82$	$+\ \bar{5},034$	$-\ \bar{6},474$	$-\ \bar{1},503$	$+\ \bar{3},765$
(9′— 5)	»	$+\ \bar{1},164$	$-\ \bar{7},76$	$-\ \bar{6},80$	$-\ \bar{2},82$	$-\ \bar{1},594$
(8′— 3)	$+\ \bar{2},72$	$-\ \bar{1},760$	$-\ \bar{7},641$	$-\ \bar{6},686$	$+\ \bar{2},072$	$+\ \bar{2},389$
(10′— 4)	$+\ 0,427$	$-\ 0,441$	$-\ \bar{6},740$	$-\ \bar{6},755$	»	»
(3″— 3′)	$-\ 0,0850$	$-\ 0,2415$	$-\ \bar{5},481$	$+\ \bar{5},637$	$+\ \bar{1},9373$	$+\ 0,0944$
(3″— 2′)	$-\ \bar{1},9515$	$+\ 0,2466$	$-\ \bar{5},2100$	$-\ \bar{5},4328$	$+\ \bar{1},0802$	$-\ 1,5404$
(4′ — 3″)	$+\ \bar{2},915$	$-\ \bar{2},660$	$-\ \bar{6},464$	$-\ \bar{6},297$	$-\ \bar{1},119$	$+\ 2,836$
(3″— 1′)	$+\ 1,3130$	$-\ 1,1372$	$-\ \bar{5},5528$	$-\ \bar{5},3792$	$-\ \bar{2},3272$	$+\ \bar{2},2236$

ARGUMENT.	$\delta_2 e'$		ARGUMENT.	$\delta_2 e'$	
	Cosinus.	Sinus.		Cosinus.	Sinus.
(1′— 1)	$-\ \bar{1},755$	$+\ 0,387$	(3′— 2)	$-\ \bar{1},142$	$-\ \bar{1},552$
(2′— 2)	$-\ \bar{1},940$	$-\ \bar{1},570$			
(3′— 3)	$-\ \bar{1},415$	$+\ \bar{1},538$	(3′— 1)	$-\ \bar{1},346$	$-\ \bar{2},862$
(4′— 4)	$+\ \bar{1},120$	$+\ \bar{1},182$	(4′— 2)	$-\ \bar{2},348$	$-\ \bar{1},256$
(1′)	$-\ \bar{1},546$	$-\ \bar{1},425$			
(2′— 1)	$+\ \bar{1},908$	$+\ \bar{1},557$	(5′— 2)	$-\ \bar{1},521$	$+\ \bar{1},891$

ARGUMENT.	A	B	A′	B′
(1′— 1)	+ 0,247	+ 0,674	— $\bar{1}$,338	— 0,722
(2′— 2)	— $\bar{1}$,961	— 0,587	— $\bar{1}$,899	+ 0,254
(3′— 3)	+ $\bar{1}$,726	+ 0,262	+ 0,178	— $\bar{1}$,700
(4′— 4)	+ 0,153	— $\bar{1}$,363	— $\bar{1}$,236	— 0,031
(5′— 5)	+ $\bar{3}$,743	— $\bar{1}$,987	— $\bar{1}$,842	— $\bar{2}$,284
(6′— 6)	— $\bar{1}$,783	— $\bar{1}$,188	— $\bar{2}$,973	+ $\bar{1}$,619
(1)	+ 0,181	+ 0,875	+ $\bar{1}$,170	— $\bar{2}$,278
(1′)	+ 2,4116	— $\bar{1}$,601	— $\bar{1}$,510	— $\bar{1}$,364
(2 — 1′)	+ 0,577	— 0,202	+ $\bar{2}$,315	— $\bar{2}$,482
(2′— 1)	+ 0,598	— 0,658	— $\bar{1}$,836	— 0,274
(3 — 2′)	+ 0,307	+ 0,439	— $\bar{2}$,309	+ $\bar{1}$,164
(3′— 2)	+ 1,9320	+ 1,5633	— $\bar{1}$,154	+ $\bar{1}$,777
(4 — 3′)	— 0,150	+ 0,194	»	»
(4′— 3)	+ 1,297	— 1,436	+ $\bar{1}$,655	+ $\bar{1}$,122
(5 — 4′)	— 0,008	— $\bar{1}$,771	»	»
(5′— 4)	— 0,975	— 1,027	+ $\bar{1}$,150	— $\bar{1}$,501
(6′— 5)	— 0,753	+ 0,397	— $\bar{1}$,309	— $\bar{1}$,129
(2)	— $\bar{1}$,340	— $\bar{2}$,990	»	»
(1′+ 1)	— $\bar{1}$,825	+ $\bar{0}$,381	»	»
(3 — 1′)	+ $\bar{1}$,090	— $\bar{1}$,175	»	»
(2′)	+ 1,1652	+ 0,0326	— $\bar{2}$,148	— 2,141
(3′— 1)	+ 1,7679	— 1,1941	+ $\bar{2}$,759	+ $\bar{1}$,303
(4′— 2)	+ 1,4272	+ 1,6478	— $\bar{1}$,184	+ $\bar{1}$,128
(5′— 3)	+ 1,2133	— 0,8941	+ $\bar{2}$,885	+ $\bar{2}$,966
(6′— 4)	— 0,303	— 0,913	+ $\bar{2}$,873	— $\bar{2}$,672
(7′— 5)	— 0,633	+ $\bar{1}$,271	— $\bar{2}$,439	— $\bar{2}$,784
(8′— 6)	— $\bar{1}$,620	+ 0,380	»	»
(9′— 7)	+ 0,092	+ $\bar{1}$,652	»	»
(1′+ 2)	— $\bar{2}$,325	+ $\bar{3}$,826	»	»
(2′+ 1)	— $\bar{1}$,206	+ $\bar{1}$,259	»	»
(3′)	+ $\bar{1}$,712	+ 0,147	»	»
(4′— 1)	+ 0,6856	+ $\bar{1}$,835	»	»
(5′— 2)	— 1,5586	— 2,4849	— $\bar{1}$,931	+ $\bar{1}$,024

ARGUMENT.	A	B	A'	B'
(6'− 3)	$+\,0,8578$	$+\,\bar{1},736$	»	»
(7'− 4)	$+\,\bar{1},930$	$-\,0,488$	»	»
(8'− 5)	$-\,0,193$	$-\,\bar{1},898$	»	»
(9'− 6)	$-\,\bar{1},800$	$+\,\bar{1},928$	»	»
(10'− 7)	$+\,\bar{1},588$	$+\,\bar{1},665$	»	»
(4')	$-\,\bar{2},459$	$+\,\bar{1},094$	»	»
(5'− 1)	$+\,\bar{1},510$	$+\,\bar{1},394$	»	»
(6'− 2)	$+\,\bar{1},8296$	$-\,0,1619$	»	»
(7'− 3)	$+\,0,5504$	$+\,0,3925$	»	»
(8'− 4)	$+\,\bar{1},866$	$-\,\bar{1},860$	»	»
(9'− 5)	$-\,\bar{1},473$	$-\,\bar{1},647$	»	»
(10'− 6)	$-\,\bar{1},477$	$+\,\bar{1},093$	»	»
(11'− 7)	$+\,\bar{2},714$	$+\,\bar{1},310$	»	»
(7'− 2)	$+\,\bar{2},974$	$-\,\bar{2},788$	»	»
(8'− 3)	$-\,\bar{1},366$	$-\,\bar{1},675$	»	»
(9'− 4)	$+\,\bar{1},560$	$-\,\bar{1},003$	»	»
(10'− 4)	$-\,\bar{1},874$	$-\,\bar{1},196$	»	»
(3''− 3')	$-\,\bar{2},734$	$+\,\bar{2},374$	$-\,\bar{2},410$	$-\,2,855$
(3''− 2')	$-\,0,1062$	$+\,0,1726$	»	»
(4'− 3'')	$-\,\bar{2},989$	$-\,\bar{1},146$	»	»
(3''− 1')	$+\,0,6920$	$+\,0,9421$	»	»
(3'')	$-\,\bar{2},616$	$-\,3,327$	»	»

Enfin,

$$\log \delta e' = -\,1,132, \quad \log e'\delta\varpi' = \bar{2},48.$$

§ XXIII.

Les inégalités du moyen mouvement dépendant du carré de la force

g..

perturbatrice sont données par la formule

$$D_l^2 \zeta =$$

$$\text{(I)} \qquad 3kn\,(D_l^2 R . \delta l + D_l D_{l'} R . \delta l')$$

$$\text{(II)} \qquad \begin{cases} + \left(-\dfrac{6kn}{a} D_l R + \dfrac{3n}{2a} D_l D_t \delta_1 \varepsilon\right) \delta a \\ + \dfrac{3kn}{2k'a} D_l D_t \delta_1 \varepsilon' . \delta a' \end{cases}$$

$$\text{(III)} \qquad \begin{cases} + 3kn\,(D_l D_e R\ \delta e + D_l D_\varpi R\ \delta\varpi) \\ + 3kn\,(D_l D_{e'} R . \delta e' + D_l D_{\varpi'} R . \delta\varpi'). \end{cases}$$

On sait, par le théorème de l'invariabilité des grands axes, que cette expression ne renferme aucun terme constant.

De plus, si l'on excepte le terme

$$(1) \qquad -\frac{6kn}{a} D_l R . \delta a,$$

il est aisé de voir que les perturbations des éléments autres que le moyen mouvement, correspondant à un argument donné p, ne produisent dans $D_l^2 \zeta$ aucun terme dépendant de l'argument double $2p$.

En effet, supposons qu'on choisisse pour constantes arbitraires celles dont les variations sont données par les formules les plus simples, et dont j'ai déjà fait usage pour démontrer le théorème de l'invariabilité des grands axes. Soient α, α' deux constantes conjuguées, relatives soit à la planète troublée, soit à une autre planète quelconque. En mettant de côté la partie qui dépend de la variation des moyens mouvements, $D_l^2 \zeta$ se compose de parties de la forme

$$D_l^2 \zeta = 3kn\,(D_l D_\alpha R\, \delta\alpha + D_l D_{\alpha'} R . \delta\alpha').$$

Par la propriété des constantes conjuguées, $\delta\alpha$, $\delta\alpha'$ sont données par des équations de la forme

$$(2) \qquad \delta\alpha = \int D_{\alpha'} R\ dt, \quad \delta\alpha' = -\int D_\alpha R . dt.$$

Pour amener l'argument $2p$, il faudrait combiner avec les termes de $\delta\alpha$, $\delta\alpha'$ qui dépendent de p, les termes de $D_l D_\alpha R$, $D_l D_{\alpha'} R$ qui dépendent du même argument. Soit, pour abréger,

(3) $$p = \mu t + \mu', \quad \mu = i'n' - in.$$

Si l'on pose

$$\delta\alpha = M \cos p + N \sin p, \quad \delta\alpha' = M' \sin p + N' \cos p,$$

la formule (2) donnera, pour l'argument p,

$$D_l D_\alpha R = -i\mu\, \delta\alpha', \quad D_l D_{\alpha'} R = i\mu\, \delta\alpha,$$

et, en substituant ces valeurs dans $D_l^2 \zeta$, on a deux termes qui se détruisent.

§ XXIV.

(I). Calculons d'abord le terme provenant de la variation $\delta\zeta$, et relatif au double de l'argument p. Soit, en adoptant la notation (3) du paragraphe précédent,

$$R = A \cos p + B \sin p,$$

d'où

$$\delta\zeta = -\frac{3ikn}{\mu^2}(A \sin p - B \cos p).$$

On a, pour la perturbation du second ordre,

(1) $$\delta\zeta = -\frac{9i^2k^2n^2}{8\mu^4}\left[(A^2 - B^2)\sin 2p - 2AB\cos 2p\right].$$

Pour avoir la perturbation provenant de $\delta\zeta'$, il suffira de multiplier la valeur précédente par

$$\frac{i'^2 k' n'}{i^2 kn}.$$

On obtient ainsi les inégalités suivantes. Nous désignerons par le signe ♃ la partie qui provient de la variation des éléments de Jupiter, et par le signe ♄ celle qui provient de la variation des éléments de Saturne.

ARGUMENT.	♃ Sinus.	♃ Cosinus.	♄ Sinus.	♄ Cosinus.
(2′ − 2)	+ 0″,02	− 0″,01	+ 0″,02	− 0″,01
(4′ − 2)	»	»	− 0,02	− 0,02
(10′ − 4)	+ 1,01	− 1,05	+ 6,22	− 6,50

Soit maintenant un autre argument q, tel que

$$q = \nu t + \nu', \quad \nu = j'n' - jn.$$

Si l'on combine le terme de δl relatif à l'argument q,

$$\text{(A)} \qquad \delta l = \mathrm{M} \sin q + \mathrm{N} \cos q,$$

avec le terme précédent de R relatif à l'argument p, il en résulte pour $\delta\zeta$ la valeur

$$\text{(2)} \quad \delta\zeta = \frac{3 i^2 kn}{2(\mu + \nu)^2}[(\quad \mathrm{AM} + \mathrm{BN}) \sin(p+q) + (\mathrm{AN} - \mathrm{BM}) \cos(p+q)]$$

$$\text{(3)} \qquad + \frac{3 i^2 kn}{2(\mu - \nu)^2}[(- \mathrm{AM} + \mathrm{BN}) \sin(p-q) + (\mathrm{AN} + \mathrm{BM}) \cos(p-q)].$$

Pour obtenir le résultat de la double combinaison (p, q), on changera i en j, on supposera A, B relatifs à q, et M, N relatifs à p, et enfin on changera de signe le coefficient de $\sin(p - q)$.

Si la formule (A) représente $\delta l'$ au lieu de δl, on changera, dans les formules (2) et (3), i^2 en ii'. On obtiendra ainsi la valeur suivante :

ARGUMENT.	♃ Sinus.	♃ Cosinus.	♄ Sinus.	♄ Cosinus.
	″	″	″	″
(1′ − 1)	+ 0,00	+ 0,04	+ 0,01	+ 0,20
(2′ − 2)	+ 0,02	− 0,01	+ 0,02	− 0,01
(1′)	+ 0,03	− 0,08	− 0,17	− 0,15
(2′ − 1)	+ 0,07	+ 0,06	+ 0,71	+ 0,57
(3′ − 2)	+ 0,01	+ 0,03	+ 0,02	+ 0,08
(1′ + 1)	+ 0,03	+ 0,03	+ 0,10	− 0,10
(2′)	− 0,04	+ 0,07	− 0,15	+ 0,27
(3′ − 1)	+ 0,06	− 0,22	+ 0,20	− 1,06
(4′ − 2)	»	»	− 0,00	+ 0,04
(6′ − 4)	− 0,02	+ 0,01	»	»
(1′ + 2)	»	»	+ 0,04	− 0,07
(2′ + 1)	+ 0,08	+ 0,02	+ 0,19	+ 0,05
(3′)	− 0,01	+ 0,28	− 0,00	+ 0,43
(4′ − 1)	+ 0,49	− 0,09	+ 1,19	− 0,22
(5′ − 2)	− 0,15	+ 3,15	− 3,83	+16,33
(6′ − 3)	− 0,44	+ 0,31	− 1,08	+ 0,76
(7′ − 4)	+ 0,14	+ 0,13	+ 0,33	+ 0,31
(8′ − 5)	− 0,05	+ 0,07	− 0,10	+ 0,17
(9′ − 6)	»	»	− 0,09	− 0,03
(7′ − 3)	− 0,22	− 0,21	− 1,11	− 0,98

ARGUMENT.	♃ Sinus.	♃ Cosinus.	♄ Sinus.	♄ Cosinus.
	"	"	"	"
(8′ −4)	+ 0,09	+ 0,02	+ 0,32	+ 0,13
(9′ −5)	»	»	− 0,01	+ 0,13
(8′ −3)	− 0,02	− 0,03	− 0,18	− 0,21
(9′ −4)	»	»	+ 0,27	− 0,08
(10′ −5)	»	»	+ 0,02	+ 0,07
(3″ −6′ +2)	− 0,00	− 0,07	− 0,81	+ 2,20

§ XXV.

(II). Considérons le terme

$$-\frac{6kn}{a} D_l R \cdot \delta a.$$

Si l'on prend le terme de δa relatif à l'argument p avec le terme de $D_l R$ relatif au même argument, il en résultera dans $\delta\zeta$ un terme relatif à l'argument $2p$. Soit

$$\delta a = A \cos p + B \sin p.$$

Le terme en question sera

$$(1) \qquad \delta\zeta = \frac{3n}{8\mu a^2} \left\{ (A^2 - B^2) \sin 2p - 2AB \cos 2p \right\}.$$

En mettant cette formule en nombres, on a

ARGUMENT.	♃ Sinus.	♃ Cosinus.
	"	"
(2′ − 2)	+ 0,02	− 0,01
(10′ − 4)	− 0,01	+ 0,01

En combinant deux arguments différents p, q, et posant, pour le second,

$$\delta a = C \cos q + D \sin q,$$

il vient, en faisant la double combinaison,

$$(2) \left\{ \begin{aligned} \delta\zeta = & \frac{3n}{2a^2(\mu + \nu)} \left\{ (AC - BD) \sin(p+q) - (AD + BC) \cos(p+q) \right\} \\ & + \frac{3n}{2a^2(\mu - \nu)} \left\{ (AC + BD) \sin(p-q) + (AD - BC) \cos(p-q) \right\}. \end{aligned} \right.$$

On en tire :

ARGUMENT.	♃	
	Sinus.	Cosinus.
	″	″
(1′ — 1)	+ 0,00	+ 0,01
(2′ — 1)	+ 0,02	+ 0,02
(5′ — 2)	+ 0,03	+ 0,08

Pour calculer les autres parties de l'équation (2), on formera les valeurs de $D_l D_t \delta_1 \varepsilon$, $D_l D_t \delta_1 \varepsilon'$, et, en posant

$$D_l D_t \delta_1 \varepsilon = A \sin p + B \cos p, \quad \delta a = M \cos q + N \sin q,$$

on aura

$$(3) \begin{cases} \delta\zeta = -\dfrac{3n}{4a(\mu+\nu)^2}\{(AM+BN)\sin(p+q)+(-AN+BM)\cos(p+q)\} \\ \quad -\dfrac{3n}{4a(\mu-\nu)^2}\{(AM-BN)\sin(p-q)+(AN+BM)\cos(p-q)\}, \end{cases}$$

et, si l'on fait ensuite

$$D_l D_t \delta_1 \varepsilon' = A \sin p + B \cos q, \quad \delta a' = M \cos q + N \sin q,$$

il suffira de remplacer, dans la formule précédente, $\dfrac{3n}{4a}$ par $\dfrac{3kn}{4k'a}$.

On aura égard à la double combinaison comme dans le paragraphe précédent.

On trouve ainsi les inégalités suivantes :

ARGUMENT.	♃		♄	
	Sinus.	Cosinus.	Sinus.	Cosinus.
	″	″	″	″
(1′ — 1)	— 0,02	— 0,08	— 0,13	— 0,66
(2′ — 2)	+ 0,01	— 0,01	+ 0,02	— 0,01
(1′)	— 0,01	+ 0,02	— 0,06	+ 0,12
(2′ — 1)	— 0,11	— 0,13	— 1,15	— 0,91
(3′ — 2)	+ 0,01	— 0,01	»	»
(3′ — 1)	— 0,02	— 0,01	— 0,06	+ 0,00
(4′ — 1)	— 0,01	— 0,00	+ 0,05	— 0,01
(5′ — 2)	— 0,54	— 1,88	— 13,35	— 17,77
(6′ — 3)	+ 0,01	— 0,01	+ 0,05	— 0,03
(3″ — 6′ + 2)	+ 0,02	— 0,06	— 0,32	+ 2,37

§ XXVI.

(III). Posons, comme au § VII,

$$\delta_1 e = (A + A')\cos p + (B + B')\sin p,$$
$$e\delta\varpi = (A - A')\sin p - (B - B')\cos p,$$

et désignons par C, D, C', D' les quantités analogues à A, B, A', B', et relatives à l'argument q. On a d'abord

$$D_l D_e R = -\frac{e}{k} D_l D_l \delta\varpi = -\frac{i\mu}{k}[(A - A')\sin p - (B - B')\cos p],$$

$$D_l D_\varpi R = -\frac{e}{k} D_l D_l \delta_1 e = \frac{i\mu e}{k}[(A + A')\cos p + (B + B')\sin p].$$

On voit, d'après la forme de ces valeurs, que la double combinaison (p, q) introduira dans $D_l^2 \zeta$ la quantité

$$-\frac{i\mu e}{k}\delta_p\varpi\,\delta_q e + \frac{i\mu e}{k}\delta_p e\,\delta_q\varpi - \frac{j\nu e}{k}\delta_q\varpi\,\delta_p e + \frac{j\nu e}{k}\delta_q e\,\delta_p\varpi$$
$$= -\frac{e}{k}(i\mu - j\nu)(\delta_p\varpi\,\delta_q e - \delta_p e\,\delta_q\varpi).$$

En développant cette quantité et intégrant, on trouve

$$(1)\qquad \delta\zeta = \frac{3n(i\mu - j\nu)}{(\mu-\nu)^2}\left[\begin{pmatrix} AC + BD \\ -A'C' - B'D' \end{pmatrix}\sin(p-q) + \begin{pmatrix} AD - BC \\ -A'D' + B'C' \end{pmatrix}\cos(p-q)\right]$$

$$(2)\qquad + \frac{3n(i\mu - j\nu)}{(\mu+\nu)^2}\left[\begin{pmatrix} AC' - BD' \\ -A'C + B'D \end{pmatrix}\sin(p+q) + \begin{pmatrix} -AD' - BC' \\ +A'D + B'C \end{pmatrix}\cos(p+q)\right].$$

Pour avoir égard à la partie $\delta_2 e$, posons

$$\delta_2 e = C''\cos q + D''\sin q.$$

Il viendra, en négligeant les parties secondaires dans les dérivées,

$$(3)\quad \begin{cases} \delta\zeta = \dfrac{3ni\mu}{2(\mu-\nu)^2}[(AC'' + BD'')\sin(p-q) + (AD'' - BC'')\cos(p-q)] \\ \quad + \dfrac{3ni\mu}{2(\mu+\nu)^2}[(AC'' - BD'')\sin(p+p) - (AD'' + BC'')\cos(p+q)]. \end{cases}$$

Pour appliquer ces formules aux variations des éléments de Saturne, il suffit de multiplier les valeurs précédentes par $\frac{k}{k'}$.

En réunissant les résultats donnés par les formules (1), (2), (3), on trouve :

ARGUMENT.	♃ Sinus.	♃ Cosinus.	♄ Sinus.	♄ Cosinus.
(1′—1)	— 0″,02	— 0″,07	— 0″,04	— 0″,09
(2′—2)	— 0,03	+ 0,02	— 0,15	+ 0,06
(3′—3)	+ 0,03	— 0,01	»	»
(1′)	— 0,17	+ 0,09	— 0,30	+ 0,11
(2′—1)	— 0,26	— 0,31	+ 0,20	— 0,71
(3′—2)	+ 0,01	— 0,02	— 0,03	+ 0,06
(1′+1)	+ 0.01	+ 0,01	+ 0,09	+ 0,09
(2′)	— 0,03	+ 0,05	— 0,21	+ 0,37
(3′—1)	— 0,71	— 0,24	+ 0,11	— 0,02
(4′—2)	+ 0,00	— 0,02	+ 0,00	+ 0,06
(5′—2)	— 1,88	— 2,93	— 0,37	— 0,27
(3″—6′+2)	+ 0,00	+ 0,21	+10,62	— 5,68

§ XXVII.

La perturbation du second ordre de la longitude de l'époque est donnée par la formule

$$D_t\,\varepsilon =$$

$$\text{(I)}\qquad D_l\,D_t\,\varepsilon\,.\,\delta l + D_{l'}\,D_t\,\varepsilon\,.\,\delta l'$$

$$\text{(II)}\quad + \left[-\frac{1}{2a}D_t\,\varepsilon\,.\,\delta a + 2m'n\,.\,a\,D_a(a\,D_a\,R)\right]\delta a + 2k\,D_{a'}(a\,D_a\,R)\,.\,\delta a'$$

$$\text{(III)}\quad + (D_e\,D_t\,\varepsilon\,.\,\delta e + D_\varpi\,D_t\,\varepsilon\,.\,\delta\varpi) + (D_{e'}\,D_t\,\varepsilon\,.\,\delta e' + D_{\varpi'}\,D_t\,\varepsilon\,.\,\delta\varpi').$$

(I). Si l'on pose

$$D_l\,D_t\,\varepsilon = A\sin p + B\cos p,\qquad \delta l = M\sin q + N\cos q,$$

on aura, pour la partie correspondante de $\delta\varepsilon$,

$$(1)\quad \delta\varepsilon = \frac{1}{2(\mu+\nu)}[(-AM+BN)\sin(p+q) - (AN+BM)\cos(p+q)]$$
$$+\frac{1}{2(\mu-\nu)}[(\;\;AM+BN)\sin(p-q) - (AN-BM)\cos(p-q)].$$

La même formule servira en remplaçant $D_l\,D_t\,\varepsilon$ par $D_{l'}\,D_t\,\varepsilon$, δl par $\delta l'$.
Ces formules fournissent la valeur suivante :

ARGUMENT.	♃ Sinus.	♃ Cosinus.	♄ Sinus.	♄ Cosinus.
	"	"	"	"
(1' − 1)	+ 0,00	+ 0,01	+ 0,00	+ 0,12
(1')	− 0,01	+ 0,07	− 0,19	+ 0,22
(2' − 1)	+ 0,04	+ 0,04	+ 0,13	+ 0,19
(3' − 2)	+ 0,04	− 0,01	− 0,02	− 0,09
(1' + 1)	+ 0,03	+ 0,03	− 0,01	− 0,15
(2')	− 0,04	+ 0,05	− 0,14	+ 0,17
(3' − 1)	− 0,13	− 0,16	− 0,61	− 0,31
(4' − 2)	»	»	− 0,09	+ 0,03
(1' + 2)	»	»	+ 0,07	− 0,15
(2' + 1)	+ 0,11	+ 0,02	+ 0,26	+ 0,06
(3')	− 0,00	+ 0,17	− 0,01	+ 0,41
(4' − 1)	− 0,40	+ 0,08	− 0,98	+ 0,19
(5' − 2)	»	»	+ 0,22	− 0,12
(6' − 3)	+ 0,35	− 0,24	+ 0,87	− 0,60
(7' − 4)	+ 0,12	+ 0,12	+ 0,31	+ 0,29
(8' − 5)	− 0,06	+ 0,09	− 0,14	+ 0,22
(9' − 6)	− 0,06	− 0,02	− 0,16	− 0,05
(10' − 7)	»	»	+ 0,01	− 0,10
(6' − 2)	»	»	+ 0,08	+ 0,00
(7' − 3)	+ 0,05	− 0,14	+ 0,25	− 0,70
(8' − 4)	+ 0,06	+ 0,01	+ 0,23	+ 0,02
(9' − 5)	+ 0,00	+ 0,05	+ 0,01	+ 0,15
(8' − 3)	»	»	+ 0,04	+ 0,10
(9' − 4)	»	»	+ 0,09	− 0,06
(10' − 5)	»	»	+ 0,03	+ 0,04
(10' − 4)	»	»	− 0,10	+ 0,26
(3'' − 6' + 2)	»	»	+ 0,08	+ 0,00

(H). Le premier terme $\frac{1}{2a} D_t \varepsilon \delta a$ ne fournit aucune inégalité sensible.

Pour calculer le second terme, on commencera par former la quantité $a D_a (a D_a R)$. On l'obtient en formant, au moyen des nombres $\bar{b}$, $\overline{b'}$,..., qui ont servi au calcul de $a D_a R$, le tableau des nombres

$$\bar{\bar{b}} = \overline{b'}, \quad \bar{\bar{b'}} = \overline{b'} + \overline{b''}, \quad \bar{\bar{b''}} = 2\overline{b''} + \overline{b'''}, \ldots,$$

et en substituant ensuite ces nombres dans l'expression de R à la place de b, b', b'',.... On trouve ainsi, en remplaçant g par $\frac{1}{4} g$:

h..

ARGUMENT.	$kD_a(aD_aR)$ Cosinus.	$kD_a(aD_aR)$ Sinus.	ARGUMENT.	$kD_a(aD_aR)$ Cosinus.	$kD_a(aD_aR)$ Sinus.
(0)	$-0,3268$	»	(1)	$+\bar{1},510$	$-\bar{1},511$
(1'−1)	$-\bar{1},923$	$+0,595$	(1')	$-\bar{1},644$	$-\bar{1},807$
(2'−2)	$+0,693$	$+0,342$	(2−1')	$+\bar{1},072$	$+\bar{1},248$
(3'−3)	$+0,445$	$-0,584$	(2'−1)	$-0,027$	$+\bar{1},636$
(4'−4)	$-0,398$	$-0,443$	(3'−1)	$-\bar{1},281$	$+\bar{1},037$
(5'−5)	$-0,375$	$+0,137$			

Cela posé, en faisant

$$m'na(aD_aR) = A\cos p + B\sin p, \quad \delta a = M\cos q + N\sin q,$$

on a, pour la partie correspondante de $\delta\varepsilon$,

$$(2)\quad \begin{cases} \delta\varepsilon = \frac{1}{\mu+\nu}\{(AM - BN)\sin(p+q) - (AN + BM)\cos(p+q)\} \\ \quad + \frac{1}{\mu-\nu}\{(AM + BN)\sin(p-q) + (AN - BM)\cos(p-q)\}. \end{cases}$$

On formera ensuite, à l'aide du tableau précédent, un tableau de la valeur de la quantité

$$kD_{a'}(aD_aR) = -\frac{1}{a'}\{D_t\varepsilon + kaD_a(aD_aR)\},$$

et l'on substituera, dans la formule (2), cette quantité à la quantité $kD_a(aD_aR)$, et la quantité $\delta a'$ à δa. On trouvera ainsi,

ARGUMENT.	♃ Sinus.	♃ Cosinus.	♄ Sinus.	♄ Cosinus.	ARGUMENT.	♄ Sinus.	♄ Cosinus.
(1'−1)	$-0'',01$	$-0'',02$	$-0'',09$	$-0'',99$	(1')	$+0'',10$	$-0'',13$
(2'−2)	»	»	$+0,30$	$-0,15$	(2'−1)	$-0,07$	$-0,30$
(3'−3)	»	»	$+0,08$	$+0,11$	(3'−1)	$+0,11$	$-0,00$

(III). Pour calculer la partie (III), on formera la quantité

$$\frac{1}{e}D_\varpi D_t\varepsilon = A\sin p + B\cos p,$$

qui se déduit des nombres qui ont servi au calcul de $\delta_1\varepsilon$ par le même procédé que $D_\varpi R$ de ceux qui ont servi au calcul de R. Alors, en se bornant à la partie principale,

$$D_eD_t\varepsilon = A\cos p - B\sin p.$$

En posant ensuite

$$\delta e = \mathrm{M}\cos q + \mathrm{N}\sin q,$$

on en tirera

$$(3)\quad \delta_t \varepsilon = \frac{1}{\mu - \nu}\left\{(\mathrm{AM} - \mathrm{BN})\sin(p - q) + (\mathrm{AN} + \mathrm{BM})\cos(p - q)\right\}.$$

On remplacera ensuite, dans cette formule,

$$\frac{1}{e}\mathrm{D}_\varpi \mathrm{D}_t \varepsilon \quad \text{par} \quad \frac{1}{e'}\mathrm{D}_\varpi \mathrm{D}_t \varepsilon, \qquad \delta e \quad \text{par} \quad \delta e'.$$

On trouve ainsi la valeur suivante :

ARGUMENT.	♃		♄	
	Sinus.	Cosinus.	Sinus.	Cosinus.
	″	″	″	″
(1′ − 1)	− 0,04	− 0,23	+ 0,05	+ 0,11
(2′ − 2)	− 0,01	− 0,03	− 0,17	+ 0,06
(1′)	− 0,03	+ 0,00	− 0,10	+ 0,11
(2′ − 1)	− 0,01	+ 0,00	+ 0,10	+ 0,32
(3′ − 2)	»	»	− 0,05	+ 0,01
(1′ + 1)	»	»	+ 0,11	+ 0,11
(2′)	− 0,03	+ 0,04	− 0,14	+ 0,24
(3′ − 1)	− 0,20	− 0,07	− 1,18	− 0,44
(4′ − 2)	− 0,01	+ 0,08	− 0,02	+ 0,25
(5′ − 2)	+ 0,05	+ 0,13	+ 0,00	+ 0,31

§ XXVIII.

Nous calculerons directement la perturbation de la longitude vraie résultant des variations du second ordre des éléments e, ϖ, e', ϖ'.

Posons

$$\omega = \delta e + \sqrt{-1}\, e\,\delta\varpi, \quad \omega' = \delta e - \sqrt{-1}\, e\,\delta\varpi.$$

On aura, en ne considérant que le premier terme de l'équation du centre,

$$(1)\qquad \delta v = \sqrt{-1}\left(\omega c^{-\mathrm{T}\sqrt{-1}} - \omega' c^{\mathrm{T}\sqrt{-1}}\right).$$

On calculera $\delta\omega$ à l'aide de la formule

$$\mathrm{D}_t\omega =$$

$$(\mathrm{I})\qquad \mathrm{D}_l \mathrm{D}_t \omega . \delta l + \mathrm{D}_{l'} \mathrm{D}_t \omega . \delta l'$$

$$(\mathrm{II})\qquad + \mathrm{D}_a \mathrm{D}_t \omega . \delta a + \mathrm{D}_{a'} \mathrm{D}_t \omega . \delta a'$$

$$(\mathrm{III})\quad + (\mathrm{D}_e \mathrm{D}_t \omega . \delta e + \mathrm{D}_\varpi \mathrm{D}_t \omega . \delta\varpi) + (\mathrm{D}_{e'} \mathrm{D}_t \omega . \delta e' + \mathrm{D}_{\varpi'} \mathrm{D}_t \omega . \delta\varpi').$$

On aura ensuite $D_t \omega'$ par le changement de signe de $\sqrt{-1}$.

(1). Posons

$$\mu \delta_t e = (A + A')\cos p + (B + B')\sin p,$$
$$\mu e \delta\varpi = (A - A')\sin p - (B - B')\cos p,$$

d'où l'on tire

$$D_t D_t \omega = -i\left[(A - B\sqrt{-1})c^{p\sqrt{-1}} + (A' + B'\sqrt{-1})c^{-p\sqrt{-1}}\right].$$

Si l'on fait de plus

$$\delta l = M\cos q + N\sin q,$$

on en conclura

$$D_t \omega = \frac{i}{2}\left\{\begin{array}{l} \left[(AN - BM) + \sqrt{-1}(-AM - BN)\right]c^{(p+q)\sqrt{-1}} \\ + \left[(A'N - B'M) + \sqrt{-1}(A'M + B'N)\right]c^{-(p+q)\sqrt{-1}} \end{array}\right\}$$
$$+ \frac{i}{2}\left\{\begin{array}{l} \left[(AN + BM) + \sqrt{-1}(AM - BN)\right]c^{(p-q)\sqrt{-1}} \\ + \left[(A'N + B'M) + \sqrt{-1}(-A'M + B'N)\right]c^{-(p-q)\sqrt{-1}} \end{array}\right\}.$$

Or, si l'on a

$$D_t \omega = (K + L\sqrt{-1})c^{mt\sqrt{-1}} + (K' + L'\sqrt{-1})c^{-mt\sqrt{-1}},$$

on en conclura, par la formule (1),

$$(2)\qquad \left\{\begin{array}{l} \delta v = \frac{2}{m}\left[-L\sin(mt - T) + K\cos(mt - T)\right] \\ \quad + \frac{2}{m}\left[-L'\sin(mt + T) - K'\cos(mt + T)\right]. \end{array}\right.$$

Donc

$$\delta v = \frac{i}{\mu + \nu}\left[\begin{array}{l} (AM + BN)\sin(p + q - T) \\ + (AN - BM)\cos(p + q - T) \end{array}\right]$$
$$+ \frac{i}{\mu + \nu}\left[\begin{array}{l} (-A'M - B'N)\sin(p + q + T) \\ + (-A'N + B'M)\cos(p + q + T) \end{array}\right]$$
$$+ \frac{i}{\mu - \nu}\left[\begin{array}{l} (-AM + BN)\sin(p - q - T) \\ + (AN + BM)\cos(p - q - T) \end{array}\right]$$
$$+ \frac{i}{\mu - \nu}\left[\begin{array}{l} (A'M - B'N)\sin(p - q + T) \\ + (-A'N - B'M)\cos(p - q + T) \end{array}\right].$$

Si l'on veut tenir compte du second terme de l'équation du centre, on changera, dans cette formule, T en 2T, et on la multipliera par $\frac{5e}{4}$.

En supposant $p = q$, la seconde ligne de la valeur de $D_t \omega$ fait connaître les variations séculaires du second ordre de e et de ϖ.

Pour avoir la partie provenant de $\delta l'$, on changera, dans les formules précédentes, i en $-i'$.

On trouve ainsi, pour les variations périodiques de la longitude vraie :

ARGUMENT.	♃ Sinus.	♃ Cosinus.	♄ Sinus.	♄ Cosinus.
	$''$	$''$	$''$	$''$
(1′ − 1)	»	»	+ 0,00	+ 0,02
(2′ − 2)	+ 0,04	+ 0,02	+ 0,27	− 0,13
(3′ − 3)	»	»	− 0,02	− 0,03
(1′)	+ 0,02	− 0,02	− 0,04	+ 0,10
(1′ − 2)	+ 0,02	+ 0,03	+ 0,14	+ 0,16
(3′ − 2)	»	»	− 0,05	− 0,20
(4′ − 3)	− 0,04	+ 0,01	− 0,18	+ 0,08
(5′ − 4)	»	»	− 0,04	− 0,08
(2)	»	»	− 0,22	+ 0,17
(1′ + 1)	− 0,10	− 0,09	− 0,51	− 0,46
(1′ − 3)	»	»	− 0,06	+ 0,14
(2′)	− 0,07	+ 0,14	− 0,60	+ 1,00
(3′ − 1)	+ 0,00	− 0,04	− 0,13	− 0,05
(5′ − 3)	− 0,03	− 0,27	+ 1,17	− 1,99
(6′ − 4)	− 0,02	+ 0,01	+ 0,05	− 0,03
(7′ − 5)	− 0,03	− 0,03	− 0,16	− 0,15
(8′ − 6)	»	»	+ 0,03	− 0,05
(1′ + 2)	»	»	− 0,15	+ 0,30
(2′ + 1)	− 0,19	− 0,04	− 0,79	+ 0,23
(3′)	+ 0,01	− 0,65	+ 0,06	− 3,16
(4′ − 1)	+ 0,19	− 0,04	− 0,79	+ 0,14
(5′ − 2)	+ 0,02	+ 0,06	»	»
(6′ − 3)	− 0,20	+ 0,14	+ 0,59	− 0,41
(7′ − 4)	− 0,51	− 0,49	− 2,66	− 2,50
(8′ − 5)	+ 0,11	− 0,18	+ 0,49	− 0,66
(9′ − 6)	+ 0,12	+ 0,04	+ 0,35	+ 0,08
(10′ − 7)	− 0,01	+ 0,06	− 0,03	+ 0,22
(3′ + 1)	»	»	+ 0,00	− 0,19
(4′)	»	»	− 0,07	+ 0,01
(7′ − 3)	»	»	+ 0,05	− 0,13
(8′ − 4)	+ 0,13	+ 0,03	+ 0,96	+ 0,23
(9′ − 5)	+ 0,01	− 0,15	+ 0,03	− 0,73
(10′ − 6)	»	»	+ 0,07	+ 0,13
(10′ − 5)	+ 0,19	+ 0,36	+ 1,16	+ 2,18

et pour les variations séculaires des éléments,

$$♃ \quad \delta e = 0'',00644\,t, \quad e\delta\varpi = 0'',00589\,t,$$
$$♄ \quad \delta e = 0\;,03182\,t, \quad e\delta\varpi = 0\;,02700\,t.$$

§ XXIX.

(II). Si l'on pose

$$-\frac{1}{2a}\mathrm{D}_t e + \frac{1}{2ae}\mathrm{D}_\varpi \mathrm{D}_t \varepsilon = (\mathrm{B}+\mathrm{B}')\sin p + (\mathrm{A}+\mathrm{A}')\cos p,$$
$$\frac{1}{2a} e\mathrm{D}_t\varpi + \frac{1}{2a}\mathrm{D}_e \mathrm{D}_t \varepsilon = (\mathrm{B}-\mathrm{B}')\cos p - (\mathrm{A}-\mathrm{A}')\sin p,$$
$$\delta a = \mathrm{N}\cos p + \mathrm{M}\sin p,$$

il suffira de remplacer i par l'unité dans la formule (3) du paragraphe précédent.

On remplacera ensuite dans ces formules, en négligeant la partie secondaire,

$$\delta a \text{ par } \delta a', \quad -\frac{1}{2a}\mathrm{D}_t e + \frac{1}{2ae}\mathrm{D}_\varpi \mathrm{D}_t\varepsilon \text{ par } -\frac{1}{2a'e}(2e\mathrm{D}_t e + \mathrm{D}_\varpi \mathrm{D}_t \varepsilon).$$

On trouve de cette manière, pour les inégalités périodiques :

ARGUMENT.	♃		♄	
	Sinus.	Cosinus.	Sinus.	Cosinus.
	"	"	"	"
(1'− 1)	»	»	− 0,15	− 0,71
(2'− 2)	− 0,06	+ 0,03	− 2,00	+ 0,97
(3'− 3)	»	»	− 0,28	− 0,37
(4'− 4)	»	»	+ 0,10	− 0,11
(5'− 5)	»	»	+ 0,06	+ 0,04
(1'− 2)	»	»	− 0,01	− 0,04
(2'− 3)	»	»	− 0,08	+ 0,04
(3'− 2)	»	»	+ 0,32	− 0,32
(4'− 3)	+ 0,01	− 0,02	− 0,16	− 0,12
(5'− 4)	»	»	+ 0,09	− 0,10
(2')	»	»	+ 0,00	− 0,02
(4'− 2)	»	»	− 0,00	− 0,02
(5'− 3)	− 0,03	+ 0,07	+ 2,09	− 0,27
(3')	− 0,00	+ 0,02	+ 0,00	+ 0,13
(4'− 1)	»	»	+ 0,06	− 0,02
(6'− 3)	»	»	+ 0,05	− 0,04
(7'− 4)	− 0,02	− 0,02	− 0,14	− 0,12
(8'− 5)	»	»	+ 0,01	− 0,03

et pour les variations séculaires,

$$♅\quad \delta e = 0'',00106\,t, \quad e\delta\varpi = 0'',00096\,t,$$
$$♄\quad \delta e = 0\,,00178\,t, \quad e\delta\varpi = 0\,,00736\,t,$$

§ XXX.

(III). Considérons d'abord les termes provenant de la partie principale de la fonction perturbatrice, et posons

$$R = \Sigma C e^g \cos(\mu t - g\varpi) = \Sigma U,$$
$$D_\varpi R = \Sigma g\, C e^g \sin(\mu t - g\varpi) = \Sigma g V,$$
$$e D_e R = \Sigma g\, C e^g \cos(\mu t - g\varpi) = \Sigma g U.$$

On aura

$$D_t e = \frac{k}{e^2} \Sigma g V, \quad D_t \varpi = -\frac{k}{e^2} \Sigma g\, U.$$

La perturbation du second ordre de e sera donnée par la formule

$$D_t e = D_e D_t e \,.\, \delta e + D_\varpi D_t e \,.\, \delta\varpi = \frac{k}{e^2} \delta e \Sigma g(g-1)V - \frac{k}{e} \delta\varpi\, \Sigma g^2 U$$
$$= \frac{k}{e^2}[\delta e \Sigma g(g-1)V - e\delta\varpi \Sigma g(g-1)U] + \frac{e}{2} D_t \,.\, (\delta\varpi)^2;$$

et, de même,

$$D_t \varpi = -\frac{k}{e^3}\, \delta e \Sigma g(g-2)U - \frac{k}{e^2} \delta\varpi\, \Sigma g^2 V$$
$$= -\frac{k}{e^3}\Big[\delta e \Sigma g(g-1)U + e\delta\varpi \Sigma g(g-1)V\Big] - \frac{1}{e} D_t(\delta e\, \delta\varpi).$$

En ne considérant d'abord que les derniers termes de chaque expression, on a

$$\delta^2 e = \frac{1}{2} e (\delta\varpi)^2, \quad e\delta^2\varpi = -\delta e\, \delta\varpi.$$

La partie du second ordre de la perturbation δv a pour expression

$$\delta^2 v = D_e v \,.\, \delta^2 e + D_\varpi v \,.\, \delta^2\varpi + \frac{1}{2} D_e^2 v \,.\, (\delta e)^2 + D_e D_\varpi v \,.\, \delta e\, \delta\varpi$$
$$+ \frac{1}{2} D_\varpi v \,.\, (\delta\varpi)^2.$$

En prenant $v = 2e \sin T$, et substituant les valeurs précédentes de $\delta^2 e$, $\delta^2 \varpi$, les différents termes de cette expression se détruisent. On voit donc qu'on peut se dispenser d'avoir égard, dans le calcul de δv, aux termes du second degré par rapport à δe, $\delta \varpi$, pourvu qu'on réduise les valeurs précédentes de $D_t e$, $D_t \varpi$ à leurs premiers termes.

Si l'on pose maintenant

$$\frac{k}{e^2} \Sigma g (g - 1) U = A \cos p + B \sin p,$$
$$\omega = (M - N\sqrt{-1}) c^{q\sqrt{-1}} + (M' + N'\sqrt{-1}) c^{-q\sqrt{-1}},$$

on en tirera

$$(1) \quad \delta v = \frac{2}{\mu - \nu}[(AM + BN)\sin(p - q - T) + (AN - BM)\cos(p - q - T)]$$

$$(2) \quad + \frac{2}{\mu + \nu}[(AM' - BN')\sin(p + q - T) + (-AN' - BM')\cos(p + q - T)].$$

Pour avoir égard à la double combinaison (p, q), il faut ensuite supposer A, B relatifs à l'argument q, et M, N, M', N', à l'argument p. La formule (1) devient alors

$$(1') \quad \delta v = \frac{2}{\mu - \nu}[(AM + BN)\sin(p - q + T) - (AN - BM)\cos(p - q + T)].$$

Les variations séculaires sont données par la formule

$$\delta \omega = t[(AN - BM) - \sqrt{-1}(AM + BN)].$$

Pour avoir égard, dans les dérivées, à la partie secondaire de R, soit

$$U = Ce^g \cos(\mu t - h\varpi + \mu').$$

En désignant, pour abréger, par (δ, β) la quantité $\delta \cos p + \beta \sin p$, et en posant

$$\frac{k}{e^2} \Sigma h (g - 1) U = (\alpha, \beta), \qquad \frac{k}{e^2} \Sigma (h^2 - g) U = (\alpha', \beta'),$$
$$\frac{k}{e^2} \Sigma g (g - 1) U = (\alpha'', \beta''), \qquad \frac{k}{c^2} \Sigma h (g - 1) U = (\alpha''', \beta'''),$$

on trouve, après avoir supprimé les parties qui se détruisent dans $\delta^2 v$,

$$D_t \omega = \frac{1}{2}\delta e \left\{ \begin{array}{l} (-\beta'' - \alpha\sqrt{-1})(c^{p\sqrt{-1}} - c^{-p\sqrt{-1}}) \\ + (-\beta - \alpha''\sqrt{-1})(c^{p\sqrt{-1}} + c^{-p\sqrt{-1}}) \end{array} \right\}$$
$$+ \frac{1}{2} e\delta\varpi \left\{ \begin{array}{l} (-\alpha''' + \beta'\sqrt{-1})(c^{p\sqrt{-1}} - c^{-p\sqrt{-1}}) \\ + (-\alpha' - \beta'''\sqrt{-1})(c^{p\sqrt{-1}} + c^{-p\sqrt{-1}}) \end{array} \right\}.$$

En n'ayant égard qu'aux parties principales de δe, $e\delta\varpi$, et posant

$$\frac{1}{4}(\alpha + \alpha' + \alpha'' + \alpha''') = \mathrm{A}, \qquad \frac{1}{4}(\beta + \beta' + \beta'' + \beta''') = \mathrm{B},$$

$$\frac{1}{4}(\alpha + \alpha' - \alpha'' - \alpha''') = \mathrm{A}', \qquad \frac{1}{4}(\beta + \beta' - \beta'' - \beta''') = \mathrm{B}',$$

$$\frac{1}{4}(\alpha - \alpha' + \alpha'' - \alpha''') = \mathrm{A}'', \qquad \frac{1}{4}(\beta - \beta' + \beta'' - \beta''') = \mathrm{B}'',$$

$$\frac{1}{4}(\alpha - \alpha' - \alpha'' + \alpha''') = \mathrm{A}''', \qquad \frac{1}{4}(\beta - \beta' - \beta'' + \beta''') = \mathrm{B}''',$$

il vient

$$\begin{aligned} \mathrm{D}_t\omega = & \left\{ \mathrm{AN} + \mathrm{BM} + \sqrt{-1}(-\mathrm{AM} - \mathrm{BN}) \right\} c^{(p-q)\sqrt{-1}} \\ & + \left\{ \mathrm{A'N} - \mathrm{B'M} + \sqrt{-1}(\mathrm{A'M} + \mathrm{B'N}) \right\} c^{-(p-q)\sqrt{-1}} \\ & + \left\{ -\mathrm{A''N} - \mathrm{B''M} + \sqrt{-1}(-\mathrm{A''M} + \mathrm{B''N}) \right\} c^{(p+q)\sqrt{-1}} \\ & + \left\{ -\mathrm{A'''N} - \mathrm{B'''M} + \sqrt{-1}(\mathrm{A'''M} - \mathrm{B'''N}) \right\} c^{-(p+q)\sqrt{-1}}, \end{aligned}$$

d'où l'on tire, par la formule (2) du § XXVIII,

$$(3) \quad \left\{ \begin{aligned} \delta v = & \frac{2}{\mu - \nu} \left\{ \begin{aligned} & (\mathrm{AM} + \mathrm{BN}) \sin(p - q - \mathrm{T}) \\ + & (\mathrm{AN} - \mathrm{BM}) \cos(p - q - \mathrm{T}) \end{aligned} \right\} \\ & + \frac{2}{\mu - \nu} \left\{ \begin{aligned} & (-\mathrm{A'M} - \mathrm{B'N}) \sin(p - q + \mathrm{T}) \\ + & (-\mathrm{A'N} + \mathrm{B'M}) \cos(p - q + \mathrm{T}) \end{aligned} \right\} \\ & + \frac{2}{\mu + \nu} \left\{ \begin{aligned} & (-\mathrm{A''M} + \mathrm{B''N}) \sin(p + q - \mathrm{T}) \\ + & (-\mathrm{A''N} - \mathrm{B''M}) \cos(p + q - \mathrm{T}) \end{aligned} \right\} \\ & + \frac{2}{\mu + \nu} \left\{ \begin{aligned} & (-\mathrm{A'''M} + \mathrm{B'''N}) \sin(p + q + \mathrm{T}) \\ + & (\mathrm{A'''N} + \mathrm{B'''M}) \cos(p + q + \mathrm{T}) \end{aligned} \right\}. \end{aligned} \right.$$

Pour avoir égard à la double combinaison (p, q), on supposera ensuite, dans ces formules, A, B, A', B',... relatifs à l'argument q, et M, N à l'argument p, en changeant, dans les deux premières lignes le signe de T et celui du coefficient du cosinus.

Les variations séculaires sont données par la formule

$$(4) \quad \delta\omega = t\left\{\left(\frac{\alpha + \alpha'}{2}\mathrm{N} - \frac{\beta + \beta'}{2}\mathrm{M}\right) + \sqrt{-1}\left(-\frac{\alpha'' + \alpha'''}{2}\mathrm{M} - \frac{\beta'' + \beta'''}{2}\mathrm{N}\right)\right\}.$$

Pour avoir égard aux variations des éléments de Saturne, soit, pour la partie principale,

$$\mathrm{R} = \Sigma\mathrm{U} = \Sigma \mathrm{C} e^{g} e'^{g'} \cos(\mu t - g\varpi - g'\varpi' + \mu').$$

i..

On remplacera, dans les formules (1), (2), (1'),

$$\frac{k}{e^2}\Sigma g(g-1)\mathrm{U} \quad \text{par} \quad \frac{k}{ee'}\Sigma gg'\mathrm{U}; \quad \delta e, \delta\varpi \quad \text{par} \quad \delta e', \delta\varpi'.$$

Soit enfin, pour la partie secondaire,

$$\mathrm{U} = \mathrm{C}e^{g}e'^{g'}\cos(\mu t - h\varpi - h'\varpi' + \mu');$$

on posera

$$\frac{k}{ee'}\Sigma g'h\mathrm{U} = (\alpha, \beta), \quad \frac{k}{ee'}\Sigma hh'\mathrm{U} = (\alpha', \beta')$$

$$\frac{k}{ee'}\Sigma gg'\mathrm{U} = (\alpha'', \beta''), \quad \frac{k}{ee'}\Sigma gh'\mathrm{U} = (\alpha''', \beta''').$$

En rassemblant les valeurs fournies par ces diverses formules, on a, pour les inégalités périodiques :

ARGUMENT.	♃ Sinus.	♃ Cosinus.	♄ Sinus.	♄ Cosinus.
(1′ − 1)	− 0″,05	− 0″,12	+ 0″,01	+ 0″,18
(2′ − 2)	− 0,10	+ 0,06	+ 0,17	− 0,25
(3′ − 3)	+ 0,00	− 0,01	+ 0,13	+ 0,19
(4′ − 4)	»	»	− 0,09	+ 0,10
(5′ − 5)	»	»	− 0,06	+ 0,04
(1′)	− 0,03	+ 0,00	»	»
(3′ − 2)	»	»	− 0,12	+ 0,08
(4′ − 3)	»	»	+ 0,20	+ 0,04
(5′ − 4)	»	»	− 0,09	+ 0,08
(1′ + 1)	− 0,07	− 0,07	− 0,52	− 0,47
(2′)	− 0,12	+ 0,20	− 0,77	+ 1,30
(3′ − 1)	− 0,04	+ 0,02	− 0,27	− 0,09
(4′ − 2)	»	»	+ 0,00	+ 0,01
(5′ − 3)	+ 0,32	− 0,02	− 1,30	+ 0,17
(6′ − 4)	»	»	+ 0,01	− 0,05
(1′ + 2)	»	»	− 0,03	− 0,03
(2′ + 1)	»	»	− 0,05	+ 0,08

et pour les variations séculaires :

♃ $\delta e = 0'',00921\, t, \quad e\delta\varpi = 0'',00297\, t,$

♄ $\delta e = 0,02622\, t, \quad e\delta\varpi = 0,01977\, t.$

§ XXXI.

En rassemblant les inégalités calculées dans les sept paragraphes précédents, on trouve, pour les inégalités applicables à la longitude moyenne :

ARGUMENT.	δl	
	Sinus.	Cosinus.
(5′ − 2)	−19″,80	− 2″,91
(10′ − 4)	+ 7,12	− 7,28
(3″ − 6′ + 2)	+ 9,61	− 1,04

et pour les inégalités applicables à la longitude vraie :

ARGUMENT.	δv		ARGUMENT.	δv	
	Sinus.	Cosinus.		Sinus.	Cosinus.
(1′ − 1)	− 0″,46	− 2″,19	(8′ − 6)	+ 0″,03	− 0″,05
(2′ − 2)	− 1,64	+ 0,60	(1′ + 2)	− 0,07	+ 0,05
(3′ − 3)	− 0,06	− 0,13	(2′ + 1)	− 0,39	− 0,04
(4′ − 4)	+ 0,03	− 0,03	(3′)	+ 0,05	− 2,37
(5′ − 5)	+ 0,00	+ 0,08	(4′ − 1)	− 0,18	+ 0,03
(1′)	− 0,99	+ 0,46	(6′ − 3)	+ 0,20	− 0,12
(1′ − 2)	+ 0,15	+ 0,15	(7′ − 4)	− 2,41	− 2,24
(2′ − 1)	− 0,33	− 1,15	(8′ − 5)	+ 0,26	− 0,32
(2′ − 3)	− 0,08	+ 0,04	(9′ − 6)	+ 0,16	+ 0,02
(3′ − 2)	+ 0,14	− 0,39	(10′ − 7)	− 0,03	+ 0,18
(4′ − 3)	− 0,17	− 0,01	(3′ + 1)	+ 0,00	− 0,19
(5′ − 4)	− 0,04	− 0,10	(4′)	− 0,07	+ 0,01
(2)	− 0,22	+ 0,17	(5′ − 1)	+ 0,05	− 0,05
(1′ + 1)	− 0,84	− 1,07	(6′ − 2)	+ 0,08	+ 0,00
(1′ − 3)	− 0,06	+ 0,14	(7′ − 3)	− 0,97	− 2,25
(2′)	− 2,34	+ 3,88	(8′ − 4)	+ 1,79	+ 0,44
(3′ − 1)	− 2,88	− 2,69	(9′ − 5)	+ 0,04	− 0,55
(4′ − 2)	− 0,13	+ 0,47	(10′ − 6)	+ 0,07	+ 0,13
(5′ − 3)	+ 2,22	− 2,31	(8′ − 3)	− 0,16	− 0,14
(6′ − 4)	+ 0,04	− 0,07	(9′ − 4)	+ 0,36	− 0,14
(7′ − 5)	− 0,19	− 0,18	(10′ − 5)	+ 1,40	+ 2,65

Enfin on a, pour les variations séculaires du second ordre,

$$2\delta e = 0'',1531\,t \qquad \delta\varpi = 1'',328\,t.$$

Réunissant ces valeurs à celles du premier ordre, on a

$$2\delta e = 0'',6946\,t, \quad \delta\varpi = 7'',743\,t.$$

§ XXXII.

Nous aurons besoin de connaître les variations séculaires des éléments de Saturne. Nous les prendrons dans les *Additions à la Connaissance des temps* pour 1844, avec de légères modifications, à cause des valeurs différentes que nous avons adoptées pour les masses, et du facteur $1 + \frac{1}{3500}$ par lequel il faut multiplier les valeurs données par l'ellipse ordinaire pour passer à l'ellipse de M. Hamilton.

En considérant l'action de Neptune sur Saturne, on trouve qu'il faut ajouter aux valeurs en question les suivantes,

$$2\delta e' = -0'',0004\,t, \quad \delta\varpi' = 0'',085\,t,$$
$$\delta\varphi'_1 = -0,0008\,t, \quad \delta\theta'_1 = -0,030\,t.$$

En calculant enfin, par les formules des §§ XXVIII, XXIX, XXX, la partie dépendant du carré de la force perturbatrice, on trouve

$$2\delta e' = -0'',2778\,t, \quad \delta\varpi' = 3'',374\,t.$$

Réunissant ces différentes parties, nous trouverons

$$2\delta e' = -1'',3994\,t, \quad \delta\varpi' = 20'',174\,t,$$
$$\delta\varphi'_1 = -0,1430\,t, \quad \delta\theta'_1 = -19,011\,t.$$

Pour obtenir la partie des variations séculaires de l'excentricité et du périhélie proportionnelle au carré du temps, nous calculerons la partie principale des variations séculaires en mettant successivement pour e, ϖ, e', ϖ', leurs valeurs en 1800 et en 2000, puis prenant la différence et la divisant par 400. On trouve de cette manière,

$$\text{En 1800,} \begin{cases} \delta e = 0'',265400\,t, & \delta\varpi = 6'',22102\,t, \\ \delta e' = -0,559945\,t, & \delta\varpi' = 16,06446\,t, \end{cases}$$

$$\text{En 2000,} \begin{cases} \delta e = 0,262842\,t, & \delta\varpi = 6,30679\,t, \\ \delta e' = -0,554520\,t, & \delta\varpi' = 16,14541\,t. \end{cases}$$

On en conclut

$$\frac{1}{2}D_t^2 e = -0'',00\,000\,640, \quad \frac{1}{2}D_t^2 \varpi = 0'',0\,002\,144,$$

$$\frac{1}{2}D_t^2 e' = -0,000\,011\,34, \quad \frac{1}{2}D_t^2 \varpi' = 0,0\,002024.$$

Au moyen de ces formules, on trouvera, pour les valeurs des éléments,

	EN 2300	EN 2800,
e	0,0488216,	0,0494656,
ϖ	12° 13′ 3″,	13° 20′ 15″,
e'	0,0544407,	0,0527033,
ϖ'	91° 37′ 18″,	94° 47′ 56″.

On a enfin, pour 2300,

$$\varphi = 1°.17'.\ 6'',5, \quad \theta = 96°.30'.29'',$$

$$\varphi' = 2.28.24,4, \quad \theta' = 109.17'.41'',$$

d'où

$$\log \sin \frac{1}{2}\gamma = \bar{2},0387522, \quad \Pi = 193°\ 7'\ 17''.$$

§ XXXIII.

Nous allons calculer les changements qu'éprouvent les principales inégalités de la longitude de Jupiter, par suite des variations séculaires des éléments. Nous ferons ce calcul pour les inégalités les plus considérables dont la partie principale dépend des excentricités. Ce sont celles qui répondent aux arguments

$$(2' - 1), \qquad (3' - 2), \qquad (5' - 3).$$

Calculons, en nous bornant aux parties principales, les variations des éléments dont elles dépendent, pour les années 1800 et 2300. On forme ainsi le tableau suivant :

ARGUMENT.		EN 1800. Sinus.	EN 1800. Cosinus.	EN 2300. Sinus.	EN 2300. Cosinus.
$\delta\zeta$	(2'—1)	+ 91,013″	— 43,142″	+ 94,669″	— 37,979″
	(3'—2)	— 10,119	+ 13,260	— 10,585	+ 12,677
	(5'—3)	— 1,973	+ 0,118	— 1,942	+ 0,002
$\delta_1\varepsilon$	(2'—1)	+ 39,834	+ 35,395	+ 39,250	+ 35,842
	(3'—2)	— 5,322	+ 10,377	— 5,752	+ 9,835
	(5'—3)	— 1,642	+ 0,504	— 1,658	+ 0,403
$\delta_2\varepsilon$	(2'—.)	— 2,967	+ 1,320	— 3,126	+ 1,170
	(3'—2)	— 0,317	— 0,437	— 0,284	— 0,480
	(5'—3)	+ 0,025	— 0,103	+ 0,036	— 0,101
		A	B	A	B
$\delta_1 e$	(2')	— 3,810	+ 3,901	— 3,746	+ 3,944
	(3'—1)	+ 16,036	+ 22,041	+ 16,908	+ 21,445
	(5'—2)	+ 76,509	+ 6,982	+ 75,439	+ 2,319
		M'	N'	M'	N'
(M', N')	(2'—2)	— 2,493	— 2,179	— 2,462	— 2,221

On en conclut :

		Sinus.	Cosinus.	Sinus.	Cosinus.
δe	(2'—1)	+ 133″,207	— 0″,804	+ 135″,823	+ 4″,700
	(3'—2)	— 47,830	+ 67,288	— 50,437	+ 64,912
	(5'—3)	— 156,608	+ 14,483	— 154,440	+ 4,943

En réduisant chaque terme à la forme

$$L \cos(i'T' - iT + \Lambda),$$

il vient :

ARGUMENT.	EN 1800. L	EN 1800. Λ	EN 2300. L	EN 2300. Λ
	″	° ′ ″	″	° ′ ″
(2'—1)	133,209	— 0.20.45	135,904	1.58.55
(3'—2)	82,556	125.24.18	82,202	127.50.55
(5'—3)	157,276	174.42.59	154,519	178.10. 1

Prenant la différence des valeurs de chaque quantité et la divisant par 500, ajoutant ensuite à $D_t\Lambda$ la quantité $- i'D_t\varpi' + iD_t\varpi$, il vient :

Argument.	Variation annuelle du coefficient.	Variation annuelle de l'argument.
(2'—1)	+ 0″,0056	— 15″,85
(3'—2)	— 0,0007	— 27,44
(5'—3)	— 0,0055	— 52,81

§ XXXIV.

Pour la grande inégalité de Jupiter, il faut pousser l'approximation plus loin.

En posant, d'après les notations de Laplace,

$$R = P' \cos(5l' - 2l) + P \sin(5l' - 2l),$$

la partie provenant des variations séculaires, qu'il faut ajouter au moyen mouvement, est donnée par la formule suivante, où $5n' - 2n = \mu$,

$$\delta\zeta = \left\{ \begin{array}{l} -\dfrac{6kn}{\mu^2} \left\{ \begin{array}{l} \dfrac{2}{\mu} D_t P - \dfrac{3}{\mu^2} D_t^2 P' \\ + t\left(D_t P' + \dfrac{2}{\mu} D_t^2 P\right) + \dfrac{1}{2} t^2 D_t^2 P' \end{array} \right\} \sin(5l' - 2l) \\ + \dfrac{6kn}{\mu^2} \left\{ \begin{array}{l} -\dfrac{2}{\mu} D_t P' - \dfrac{3}{\mu^2} D_t^2 P \\ + t\left(D_t P - \dfrac{2}{\mu} D_t^2 P'\right) + \dfrac{1}{2} t^2 D_t^2 P \end{array} \right\} \cos(5l' - 2l). \end{array} \right.$$

Nous appliquerons cette formule complète à la partie principale de la grande inégalité, savoir à celle qui dépend des produits de trois dimensions des excentricités. Pour la partie secondaire, dans laquelle nous comprendrons tous les termes dépendants des inclinaisons, nous négligerons les dérivées secondes.

On trouve, pour la partie principale,

	EN 1800	EN 2300	EN 2800
$10^{10} P' =$	-1062871,	-1026484,	-976258,
$10^{10} P =$	58648,	-145879,	-319911,

d'où l'on conclut, en mettant les logarithmes au lieu des nombres,

$$D_t P' = \bar{9},77036, \qquad D_t^2 P' = \overline{12},74318,$$
$$D_t P = -\bar{8},64300, \qquad D_t^2 P = \overline{11},08628.$$

En posant, pour abréger,

$$\delta l = A \sin(5l' - 2l) + B \cos(5l' - 2l),$$

on trouve, au moyen de ces valeurs,

$$A = 129'',431 - 0'',09511\, t - 0'',0000282\, t^2,$$
$$B = -24,283 - 0,46430\, t + 0,0000622\, t^2.$$

On trouve ensuite, pour la partie secondaire,

$$\begin{array}{lrr} & \text{EN 1800} & \text{EN 2300} \\ 10^{10}\,\mathrm{P}' = & -\,8585{,}5, & -\,10359{,}4, \\ 10^{10}\,\mathrm{P} = & 5196{,}7, & 7800{,}7, \end{array}$$

d'où

$$\mathrm{D}_t\,\mathrm{P}' = -\,\overline{10}{,}54996, \quad \mathrm{D}_t\,\mathrm{P} = \overline{10}{,}71667,$$

et, par suite,

$$\begin{aligned} \mathrm{A} &= -\,1'',494 + 0'',00362\,t, \\ \mathrm{B} &= 1\,,018 + 0\,,00531\,t. \end{aligned}$$

Pour la perturbation principale de la longitude de l'époque, on a

$$\begin{array}{lrr} & \text{EN 1800} & \text{EN 2300} \\ 10^6.\,2ka.\mathrm{D}_a\mathrm{P}' = & -\,116739, & -\,106474, \\ 10^6.\,2ka.\mathrm{D}_a\mathrm{P} = & -\,43375, & -\,63483, \end{array}$$

d'où l'on tire

$$2ka.\mathrm{D}_t\,\mathrm{D}_a\,\mathrm{P}' = \overline{5}{,}31239, \quad 2ka.\mathrm{D}_t\,\mathrm{D}_a\,\mathrm{P} = -\,\overline{5}{,}60440\,,$$

et, par suite,

$$\mathrm{A} = 0'',00289\,t, \quad \mathrm{B} = 0'',00565\,t.$$

Enfin on trouve, pour la partie $\delta_2\varepsilon$,

$$\begin{array}{lrr} & \text{EN 1800} & \text{EN 2300} \\ \mathrm{A} = & 0'',6739, & 0'',2948, \\ \mathrm{B} = & -\,1\,,7243, & -\,1\,,7976, \end{array}$$

d'où, en prenant les variations annuelles,

$$\mathrm{A} = -\,0'',00076\,t, \quad \mathrm{B} = -\,0'',00015\,t.$$

Réunissant maintenant les valeurs δl données aux §§ XIV et XXXI, et introduisant les longitudes moyennes au lieu des anomalies moyennes, on trouve

$$\mathrm{A} = 1065'',60, \quad \mathrm{B} = 86'',01.$$

Les valeurs complètes de A et de B sont donc

$$\begin{aligned} \mathrm{A} &= 1193'',53 - 0'',08936\,t - 0'',0000282\,t^2, \\ \mathrm{B} &= 62\,,74 - 0\,,45348\,t + 0\,,0000622\,t^2. \end{aligned}$$

§ XXXV.

Il ne reste plus qu'à mettre les inégalités de la longitude et de la latitude sous la forme

$$L \sin(i'l' - il + \Lambda),$$

et celle du rayon vecteur sous la forme

$$L \cos(i'l' - il + \Lambda).$$

On trouvera ainsi, pour les variations applicables à la longitude moyenne, en reprenant les notations usitées généralement pour les diverses planètes :

Argument.	Coefficient.	Angle ajouté à l'argument.
$5l^{v} - 2l^{iv}$	$1195'',18$ $-\ 0,09737\,t^2$ $+\ 0,0000250\,t$	$3°\ 0'\ 33''$ $-\ 86,546\,t$ $+\ 0,015902\,t^2$
$10l^{v} - 4l^{iv}$	$8,63$	187.33
$3l^{vi} - 6l^{v} + 2l^{iv}$	$9,66$	3.53

Les inégalités applicables à la longitude vraie sont :

Argument.	Coefficient.	Angle ajouté à l'argument.
$l^{v} - l^{iv}$	$78'',98$	$1°.10'.28''$
$2l^{v} - 2l^{iv}$	$199,16$	$181.14.\ 0$
$3l^{v} - 3l^{iv}$	$18,00$	$194.55.20$
$4l^{v} - 4l^{iv}$	$3,45$	162.20
$5l^{v} - 5l^{iv}$	$1,60$	210.10
$6l^{v} - 6l^{iv}$	$0,36$	170.11
$7l^{v} - 7l^{iv}$	$0,14$	162.36
l^{v}	$12,30$	$45.37.50$
$l^{v} - 2l^{iv}$	$5,44$	$16.28.40$
$2l^{v} - l^{iv}$	$131,92$ $+\ 0,0056\,t$	$192.32.58$ $-\ 15,85\,t$
$2l^{v} - 3l^{iv}$	$12,48$	$190.56.44$
$3l^{v} - 2l^{iv}$	$82,43$ $-\ 0,0007\,t$	$241.10.26$ $-\ 27,44\,t$
$3l^{v} - 4l^{iv}$	$1,29$	$77.\ 2$
$4l^{v} - 3l^{iv}$	$15,29$	$65.17.\ 0$

j..

Argument.	Coefficient.	Angle ajouté à l'argument.
	$''$	$^\circ \quad '$
$4l^{v} - 5l^{iv}$	0,38	164. 1
$5l^{v} - 4l^{iv}$	10,50	72.45.10
$5l^{v} - 6l^{iv}$	0,15	167.37
$6l^{v} - 5l^{iv}$	0,80	55.40
$7l^{v} - 6l^{iv}$	0,28	55.35
$2l^{iv}$	0,31	120.30
$l^{v} - l^{iv}$	1,66	107.12
$l^{v} - 3l^{iv}$	0,48	39. 5
$2l^{v}$	5,88	242.29.40
$2l^{v} - 4l^{iv}$	0,81	200.27
$3l^{v} - l^{iv}$	10,38	59.57.50
$3l^{v} - 5l^{iv}$	0,10	194.1
$4l^{v} - 2l^{iv}$	17,38	121.24.50
$5l^{v} - 3l^{iv}$	156,65	123.48.10
	$- 0,0055\,t$	$- 52,81\,t$
$6l^{v} - 4l^{iv}$	1,53	305. 2
$7l^{v} - 5l^{iv}$	0,41	292. 6
$8l^{v} - 6l^{iv}$	0,17	300.18
$2l^{v} + l^{iv}$	0,42	5.58
$3l^{v}$	2,73	15. 3.40
$4l^{v} - l^{iv}$	0,53	121.29
$6l^{v} - 3l^{iv}$	1,94	1.44
$7l^{v} - 4l^{iv}$	1,70	0.29
$8l^{v} - 5l^{iv}$	0,22	11.22
$3l^{v} - l^{iv}$	0,19	351.47
$5l^{v} - l^{iv}$	0,44	344.18
$6l^{v} - 2l^{iv}$	0,13	357.45
$7l^{v} - 3l^{iv}$	1,80	336.34
$8l^{v} - 4l^{iv}$	1,41	65.32
$9l^{v} - 5l^{iv}$	0,43	328. 4
$8l^{v} - 3l^{iv}$	0,21	261.27
$9l^{v} - 4l^{iv}$	0,39	300. 0
$10l^{v} - 5l^{iv}$	2,58	306.18
$l^{vi} - l^{iv}$	0,88	0.22.30
$2l^{vi} - 2l^{iv}$	0,48	184. 5

Argument.	Coefficient.	Angle ajouté à l'argument.
	$''$	$^\circ$ $'$ $''$
l^{vi}	0,30	286.43
$2\,l^{vi} - l^{iv}$	0,51	172.42
$3\,l^{vi} - 2\,l^{iv}$	0,14	6.44
$l^{vii} - l^{iv}$	0,39	0. 7
$2\,l^{vii} - 2\,l^{iv}$	0,15	178.14
$2\,l^{vii} - l^{iv}$	0,25	169. 5
$l'' - l^{iv}$	0,11	0. 0

Inégalités du rayon vecteur :

Argument.	Coefficient.	Angle ajouté à l'argument.
		$^\circ$ $'$ $''$
$l^v - l^{iv}$	0,000 65	1 35
$2\,l^v - 2\,l^{iv}$	0,002 82	181. 6.40
$3\,l^v - 3\,l^{iv}$	0,000 30	188.16
$4\,l^v - 4\,l^{iv}$	0,000 07	172.34
l^v	0,000 08	203.18
$l^v - 2\,l^{iv}$	0,000 06	20.12
$2\,l^v - l^{iv}$	0,000 29	189.53
$2\,l^v - 3\,l^{iv}$	0,000 13	189.56
$3\,l^v - 2\,l^{iv}$	0,000 87	241.50
$4\,l^v - 3\,l^{iv}$	0,000 24	63.56
$5\,l^v - 4\,l^{iv}$	0,000 12	111.11
$2\,l^v$	0,000 08	10. 2
$4\,l^v - 2\,l^{iv}$	0,000 10	126.19
$5\,l^v - 3\,l^{iv}$	0,001 98	42.18.10
$5\,l^v - 2\,l^{iv}$	0,000 23	206. 4

Inégalités de la latitude :

Argument.	Coefficient.	Angle ajouté à l'argument.
	$''$	$^\circ$ $'$
$l^v - l^{iv}$	0,13	127.12
$2\,l^v - 2\,l^{iv}$	0,22	318.42
l^v	0,54	233 33
$l^v - 2\,l^{iv}$	0,26	125.49
$2\,l^v - l^{iv}$	0,65	233.35
$3\,l^v - 2\,l^{iv}$	1,08	233.38
$4\,l^v - 3\,l^{iv}$	0,28	198.22

Argument.	Coefficient.	Angle ajouté à l'argument.
	″	° ′
$5l^{v} - 4l^{iv}$	0,20	116. 8
$l^{v} + l^{iv}$	0,12	268.48
$2l^{v}$	0,37	88.36
$4l^{v} - 2l^{iv}$	0,16	122.47
$5l^{v} - 3l^{iv}$	3,69	121. 1
$5l^{v} - 2l^{iv}$	0,15	289.54

Vu et approuvé,
Le 7 juillet 1855.
LE DOYEN DE LA FACULTÉ DES SCIENCES,
MILNE EDWARDS.

Permis d'imprimer,
Le 7 juillet 1855,
LE VICE-RECTEUR DE L'ACADÉMIE DE PARIS,
CAYX.

PARIS. — IMPRIMERIE DE MALLET-BACHELIER,
rue du Jardinet, 12.

C

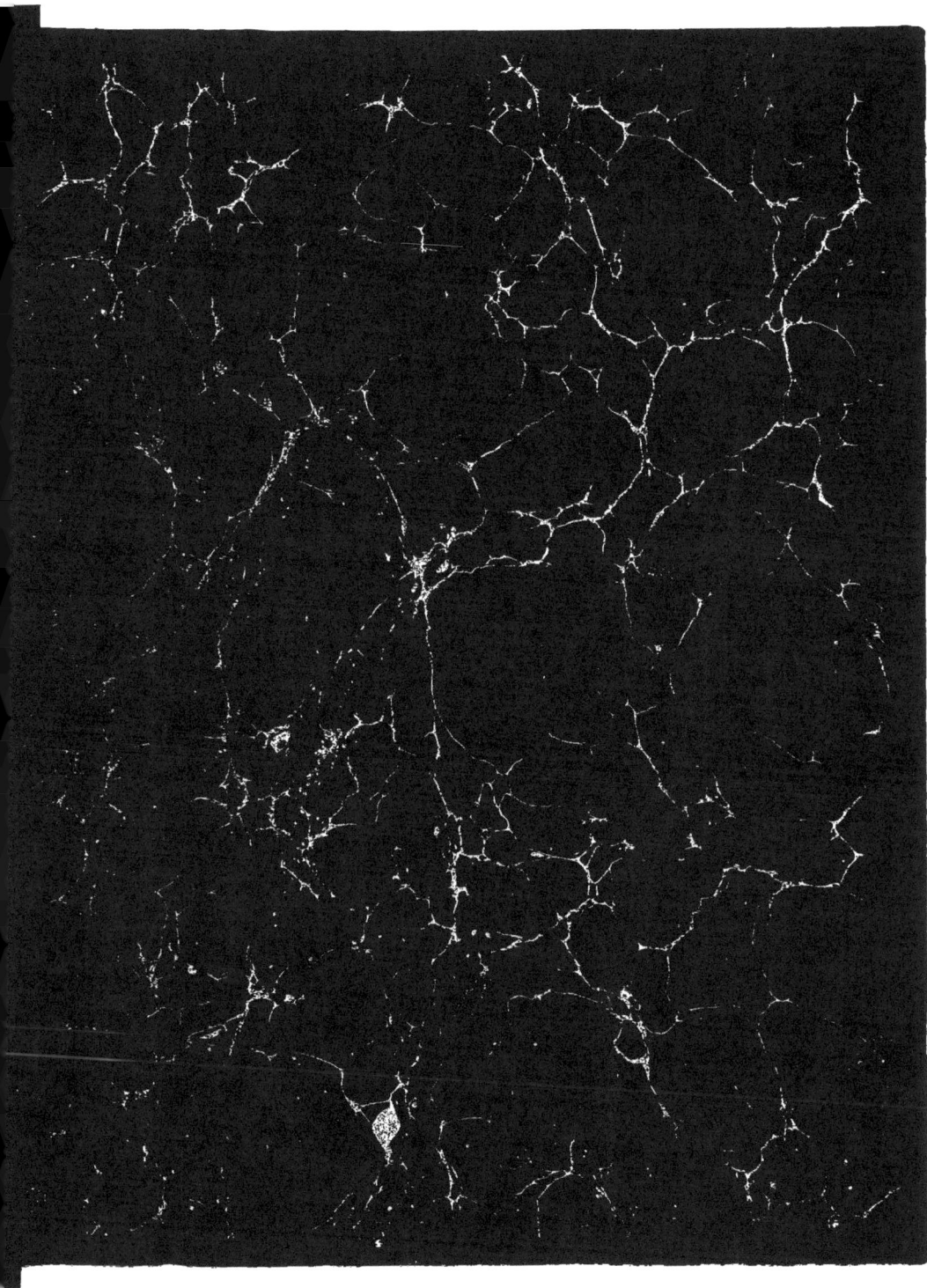

www.ingramcontent.com/pod-product-compliance
Lightning Source LLC
Chambersburg PA
CBHW031326210326
41519CB00048B/3283
* 9 7 8 2 0 1 9 6 1 3 1 3 6 *